AF549418

Faultiere

Ein Portrait
von
Tobias Keiling
und
Heidi Liedke

NATURKUNDEN

NATURKUNDEN № 75

herausgegeben von Judith Schalansky
bei Matthes & Seitz Berlin

Inhalt

Portraits

Sehnsüchte

Im ersten Moment sieht man gar nichts. Aber warum steht da so eine große Gruppe Menschen dicht gedrängt in dem ohnehin schon diesig-dunstigen Tropenhaus des Londoner Zoos? Die Tierpflegerinnen haben Mühe, den Andrang zu regeln. Als wir an der Reihe sind, halten wir inne: Man muss die Augen zusammenkneifen, um genau zu erkennen, was man da eigentlich sieht in all dem braun-grauen, struppig wirkenden Fell. Zweifingerfaultier Marylin hat ein Baby zur Welt gebracht, Elio, und das klammert sich noch etwas unbeholfen an seine Mutter. Sonst passiert eigentlich nichts. Faultier Marylin klettert ein paar Zentimeter am Ast über unseren Köpfen entlang und verharrt. Dennoch fühlt es sich so an, als würde die Zeit sehr schnell vergehen, wenn man einem Faultier begegnet, und man fühlt sich gehetzt im Vergleich zu diesem entschleunigten Tier. Es ist ein merkwürdiges Wesen; es scheint dauerhaft zu lächeln, etwas unbedarft – und ein Mittelscheitel auf dem Kopf ist langweilig, das Faultier hat seinen auf dem Bauch. Da es mit dem Rücken nach unten vom Ast hängt, haben sich die an Drahtwolle erinnernden Strähnen seines Fells dieser Lebens- bzw. Hängesituation angepasst. Dann geht es los: Marylin hat keine Lust mehr, von uns angeguckt zu werden, und begibt sich weiter nach oben, indem sie sich langsam, aber durchaus elegant mit ihren zu Haken gekrümmten Krallen an einer Metallstange unter der Decke entlanghangelt.

Auf und davon – ein Dreifingerfaultier klettert mit seinem Jungen einen Baum hoch.

Natürlich ist so ein Zoobesuch eine artifizielle Situation: In der Wildnis wird es wohl den wenigsten, Naturforscher:innen ausgenommen, gelingen, ein Faultier zu Gesicht zu bekommen. Faultiere leben in den Regenwäldern Südamerikas und sind, so kann man sagen, langsamer, als das Auge erlaubt: Die maximale Geschwindigkeit beträgt 1,9 km/h. Um sich gar nicht erst in eine Gefahrensituation zu begeben, verlassen Faultiere nur einmal in der Woche die hohen Baumkronen, um zu koten, und schlafen bis zu zwanzig Stunden am Tag, also den Großteil ihres Lebens. Faultiere sind nicht nur wegen ihrer oft kaum erkennbaren Art der Bewegung unauffällig, sondern auch wegen ihres Aussehens. In der Natur lebende Faultiere haben ein grünlich schimmerndes Fell, was daran liegt, dass darin kleine Algen wachsen. Da sich die Körperhygiene des Faultiers auf die gelegentliche Dusche im Regenschauer beschränkt, bleiben die Algen, wo sie sind, und dienen zudem den Raupen der Schmetterlingsart *Bradypodicola hahneli* als Nahrung – ob diese merken, dass sie sich auf einem lebenden Tier satt essen?

Mit dem Beginn des 21. Jahrhunderts hat sich gezeigt, dass das Faultier besonders gut zu unseren heutigen Sehnsüchten passt. Wie man im Feuilleton liest, ist es das »Wappentier unserer Zeit«. Es werden Faultierwochenenden in Denver, Colorado, beworben, für die die Menschen Schlange stehen; das Reservat für verwaiste Faultiere in Costa Rica erfreut sich großer Beliebtheit bei Touristen. Doch man muss gar nicht so weit reisen, denn auch in den Heythrop Zoological Gardens in Oxfordshire gibt es die Möglichkeit, ein ›Meet & Greet‹ mit einem Zweifingerfaultier zu buchen. Offenbar ist es eine Faszination für niedliche, doch austauschbare Geschöpfe, die Menschen aktuell zum Faultier zieht. Was zu Anfang der Nullerjahre die Katzenvideos auf YouTube waren und was anschließend für einen kürzeren Zeitraum das Einhorn als Maskottchen und dekoratives Element zu bewirken vermochte, ist nun gebündelt in der Chiffre Faultier wiederzufinden. YouTube-Videos fangen amerikanische Schauspielerinnen effektvoll ein, wie sie beim Treffen mit einem Faultier vor lauter Begeisterung zusammenbrechen. (Googeln Sie mal »Kristen Bell's Sloth Meltdown«.)

In einer Vielzahl von Kulturprodukten spielt das Tier eine Rolle: In Yann Martels *Life of Pi: Schiffbruch mit Tiger* (2001) erhält das Faultier eine anerkennende, es nicht nur auf seine Äußerlichkeiten reduzierende Wertschätzung. Der Protagonist Pi, der seine Abschlussarbeit in Zoologie über die Schilddrüse des Faultiers geschrieben hat, berichtet, dass dessen ruhige, stille und introspektive Art sein zerrüttetes Selbst beruhigt habe. Zu ungefähr derselben Zeit spielen Faultiere Hauptrollen in zwei Filmen der Pixar-Studios, nämlich *Ice Age* (2002) und *Zoomania* (2016). In *Ice Age* erleben Mammut Manni und Riesenfaultier Sid zusammen mit dem Säbelzahntiger Diego allerhand Abenteuer während der letzten Eiszeit vor ca. zwanzigtausend Jahren. Das Riesenfaultier bleibt nicht nur wegen seiner liebenswerten Tollpatschigkeit, sondern auch wegen seines hässlichen – aus zoologischer Sicht alles andere als akkuraten – Aussehens und seiner undeutlichen Aussprache in Erinnerung.

In *Zoomania* schließlich verkörpern Faultiere die Angestellten einer amerikanischen Führerscheinstelle, allen voran Flash (man bemerke die Ironie bei der Namensgebung), den nichts aus der Ruhe bringt, und schon gar nicht die unruhig drängelnde Häsin Judy, die eine Verfolgungsjagd starten will.

Flash unterbricht seine administrative Tätigkeit, um seiner Kollegin Priscilla einen Witz zu erzählen und darüber sehr, sehr langsam zu lachen. Für den englischen Autor William Hartston markiert das Erscheinen dieses Films den Startpunkt einer *slothmania*, der Faultiermanie.

Mit dieser beliebigen Zusammenstellung von Auftritten des Faultiers in der Popkultur rückt jedoch in den Hintergrund, wofür das Tier steht. Dass es sich einer solchen Beliebtheit erfreut, lässt sich mit zwei wesentlichen, einander bedingenden Aspekten begründen: Zum einen ist das Faultier das Symbol für den Ruf nach Entschleunigung, Verlangsamung und Achtsamkeit, sowohl im beruflichen wie auch im privaten Bereich. Die Digitalisierung und Mediatisierung unseres Lebens ist, was die Auswirkungen auf die menschliche Psyche angeht, mit den Entwicklungen der Industrialisierung im 19. Jahrhundert zu vergleichen, und so boomen Branchen, die etwas *slow* anbieten, *slow food, slow travel* usw. Das Faultier ist Sinnbild für den Wunsch nach einem bewussteren Leben. Zum anderen bringt das Faultier, das sich aus menschlicher Perspektive durch seinen langsamen Lebensstil allen gesellschaftlichen Pflichten und allem Leistungsdruck erfolgreich entzieht, einen womöglich unbewussten Wunsch zum Ausdruck, dem Kapitalismus und der Konsumgesellschaft zu entsagen. Niemand, der als funktionierendes und erfolgreiches Mitglied der Gesellschaft gelten möchte, darf auch nur annähernd so sein wie das Faultier. Um dennoch eine Nähe zu diesem Lebewesen herzustellen, das für den Menschen etwas Unerreichbares verkörpert, verniedlicht man es. Man reduziert es auf sein niedliches Aussehen und erstickt so den verführerischen Ruf des Faultiers, nichts zu tun. Das stets zu lächeln scheinende Tier mit seinem runden Kopf wirkt so wehrlos, unschuldig und naiv – und wenn man sich bei der Betrachtung dem (kapitalistischen) Alltag dann kurz entzieht, erliegt man der Verführung letzten Endes doch ein bisschen.

Wie genau ist es sinnbildlich als kritischer Kommentar zum Kapitalismus lesbar? Faultiere produzieren nichts, sind nicht effizient und konsumieren auch fast nichts. Sie ernähren sich überaus genügsam ausschließlich von Blättern. Wären sie Menschen, würde man diesen – im Hinblick auf ihren Stoffwechsel buchstäblich – heruntergefahrenen Lebensstil als den eines Aussteigers bezeichnen und vielleicht sogar neidisch sein, ist man selber doch, mehr als man sich eingestehen will, festgezurrt in die kapitalistischen Strukturen der Gesellschaft. Das Faultier hat sich alldem entzogen, etwas, was Homo sapiens in dieser Radikalität schlichtweg nicht kann – oder zumindest nicht soll. Das Nichtstun oder die Trägheit werden mit Blick auf den ideengeschichtlichen Hintergrund des Kapitalismus vielmehr als Wurzel allen Übels angesehen: In einem für die Moderne typischen westlichen Gesellschaftskonzept, das sich über produktives Arbeiten definiert, sind Überkonsum und Gier abträglich, aber nicht so schlimm wie Trägheit und absoluter Nichtkonsum. Bei dem Philosophen David Hume heißt es in diesem Sinne: »Luxus, insbesondere exzessiver Art, ist der Ursprung vielen Übels; er ist aber der Trägheit und Müßigkeit vorzuziehen.« Hume spielt also zwei Todsünden gegeneinander aus und kommt zu dem Ergebnis, dass es schlimme und vergleichsweise weniger schlimme Sünden gibt. Wenn man konsumiert, ist man zwar nicht produktiv, aber man *macht* wenigstens etwas. Ist man hingegen nur träge, hat dieses Verhalten keinerlei Konsequenzen und ist somit das genaue Gegenteil von Produktivität. Diese Art des Denkens suggeriert eine Hierarchie innerhalb der Todsünden. Was das über das Faultier aussagt, ist klar.

Und so beginnt die Faszination für das Faultier mit einem Moment der Verblüffung, vielleicht sogar ängstlicher Ablehnung, gekoppelt mit dem wohl am häufigsten vorkommenden menschlichen Laster – einer Art Neid. Warum kann sich dieses Lebewesen dem Konsumzwang, dem Leistungsdruck, der Gier nach mehr entziehen? Immer heißt es schneller, höher, weiter, doch das Faultier führt einem, allzu zufrieden, scheint es, und viel ... zu ... langsam ... vor Augen, dass es sehr wohl auch anders ginge. Das mag Zweifel an der eigenen Lebensweise wecken. Es geschieht, was wir oft beobachten können, wenn es um Sehnsüchte geht: Wenn man schon nicht wie ein Faultier sein kann, dann kann man es sich doch in Form von Maskottchen oder Postkartenmotiven nach Hause holen. Aneignung durch Fetischisierung und Faultier-GIFs als Ausdruck versteckter, oft auch unbewusster Sehnsüchte. Das Paradoxe ist, dass wir Menschen – als könnten wir nicht anders – mit dieser Art der Aneignung etwas machen, was die Faultiere gerade nicht machen: nämlich dem Konsum frönen. Das Tier wird zu einer fantasierten Entlastungsvignette in der Imaginationswelt des Kapitalismus.

Blickt man auf die lange, mythisch-metaphysisch aufgeladene Geschichte des Riesenfaultiers und des Faultiers zurück, wirkt sein Status in der heutigen Popkultur in mancher Hinsicht etwas antiklimaktisch. Wer sich mit der mittlerweile fünfhundertjährigen Natur- und Kulturgeschichte des Faultiers befasst, fragt sich, wie es zu dieser Kommerzialisierung und Reduzierung auf Vermarktbares kommen konnte. Um mit der Band *Die Sterne* zu singen: Was hat dich bloß so ruiniert, Faultier? Die kurze Antwort lautet: Wir Menschen. Die lange Antwort bieten die folgenden Kapitel. Mit ihnen begeben wir uns in die Vergangenheit, die wir als Möglichkeitsraum begreifen, denn sie kann uns alternative Denkweisen über das Faultier eröffnen. Was wir dabei entdecken, sagt schlussendlich mehr über uns aus als über das betrachtete Tier. Aber man stellt fest, dass man es mit einem Wesen zu tun hat, das immer ganz und gar anders gewesen ist als alle anderen; das aus der Zeit fällt und ohne Veränderung so bleibt, wie es schon immer war. In dieser Andersheit ist es ein Sinnbild nicht für Muße, sondern für Konstanz und Beharrlichkeit.

Der Autor der *Kleinen Raupe Nimmersatt*, Eric Carle, hätte dem vermutlich zugestimmt. 2002 hat er ein Kinderbuch mit dem Titel *Ganz, ganz langsam, sagte das Faultier* veröffentlicht, mit dem er sich gegen die Klischees der Faultierverniedlichungsindustrie richtet. Darin sieht sich das Faultier einer Unmenge an Fragen von anderen Tieren ausgesetzt – sie wollen wissen, warum es so still, so faul und so langweilig sei. Das Faultier schweigt. Am Ende des Buches sagt es nach langer Überlegung: »Es stimmt, dass ich langsam, still und langweilig bin. Ich bin lustlos, ich bummle und ich trödle. Ich bin nicht aus der Ruhe zu bringen, träge, stoisch, gleichgültig, lahm, lethargisch, gelassen, ruhig, umgänglich, entspannt und faultierisch! Ich bin relaxed und friedfertig, und ich mag es, in Frieden zu leben. Aber ich bin nicht faul. So bin ich eben. Ich mache die

Abhängen war selten so farbenfroh wie hier.
Eric Carle, Ganz, ganz langsam, sagte das Faultier.

Dinge gerne ganz, ganz langsam.« Vielleicht könnten wir das Faultier also als einen Appell an uns alle verstehen, einander in Frieden leben zu lassen und so zu akzeptieren, wie jede:r ist. Das Faultier kann uns lehren, wie wir uns in die Zeit legen. Denn die Uhr tickt auch ohne uns weiter.

Der Gesang der Faultiere

Wie die erste Begegnung der Europäer mit den Faultieren verlief, ist nicht überliefert. Aber es ist gut möglich, dass die Spanier, als sie den südamerikanischen Kontinent erkundeten und eroberten, sie zunächst nicht gesehen, sondern gehört haben. Man kann sich die Szene vielleicht so vorstellen: Ein Trupp Soldaten, der von der Küste ins Hinterland vordringt, schlägt im Regenwald sein Quartier für die Nacht auf. Die Dunkelheit des Waldes, die fremde Flora und Fauna wirken bedrohlich. Plötzlich erklingt aus dem Nichts, von hoch oben aus den Baumwipfeln, nicht zu sehen im Licht der Fackeln, ein durchdringender, spitzer Schrei: *aiiiii*. Der Laut geht über in eine einfache Melodie, in der jeder Ton etwas niedriger ist als der vorhergehende: *aiiii, aiii, aii* … So klingen die Rufe der Faultierweibchen auf Partnersuche, aber wer das nicht weiß, könnte sie auch für Kampfgeschrei oder den Angriffslaut eines Raubtiers halten. Faultiere verbringen die meiste Zeit ihres Lebens in den Baumkronen des Regenwalds, also in dreißig oder vierzig Metern Höhe. Doch ihre nächtlichen Rufe sind so markant, dass sich von ihnen der Name ableitet, der im heutigen Brasilien für sie gebräuchlich ist: *Ai*. Auch für die ersten Europäer, die Faultieren begegneten, waren es deren Rufe, von denen die größte Faszination ausging.

Das wird deutlich in der ersten im Druck überlieferten Beschreibung, die von Gonzalo Fernández de Oviedo stammt. In seiner 1526 veröffentlichten Naturgeschichte berichtet Oviedo von der Flora und Fauna der Neuen Welt und beschreibt zum ersten Mal die Ananas und den Tabak, die bis dahin in Europa unbekannt waren. Und er berichtet auch von den Faultieren und ihrem Gesang. Dieses Kapitel seiner Darstellung trägt jedoch einen etwas überraschenden Titel, es ist mit *perico lijero* überschrieben, ›flinker *perico*‹, was, wie Oviedo erklärt, ironisch gemeint sei. Denn *perico* oder *periquito* ist nicht nur der spanische Name für einen Sittich oder kleinen Papagei, es heißt auch einfach Peter oder Peterchen.

Die besondere Langsamkeit der Faultiere ist Oviedo nicht entgangen, und ›flinkes Peterchen‹ spielt darauf an. Aber nicht nur in dieser »Unähnlichkeit mit allen anderen Tieren« liegt die Besonderheit der Faultiere. Das Außergewöhnlichste an ihnen ist für Oviedo ihre Stimme. Sie riefen die ganze Nacht hindurch in einem »ununterbrochenen Gesang« und wiederholten dabei jedes Mal eine Melodie aus sechs Tönen. Faultiere bringen zwar immer denselben Laut hervor, aber dies in kontinuierlich tiefer werdender Tonlage, so als sängen sie *la sol fa mi re ut*. Oviedo bewegt das zu der steilen These, die Menschen hätten die Musik entdeckt, indem sie den Faultieren die Tonleiter abgehört haben. Damit wäre die Musik nicht in Europa oder in Asien erfunden worden, sondern in der Neuen Welt – und dieser Gedanke war Oviedo offenbar besonders wichtig. Denn nachdem sein Buch schon in verschiedenen Fassungen gedruckt war, hat er das Kapitel über die Faultiere noch einmal in sehr gelehrter Weise ergänzt. Oviedo diskutiert verschiedene Theorien über den Ursprung der Musik aus der hebräischen Bibel und der griechischen Philosophie, weist sie aber alle zu-

Lib. I. Anatomicus de Natura soni & vocis. 27

Musica Haut siue Pigritię Animalis Americani.

Ha ha ha ha ha ha ha ha ha ha ha.

Figura Animalis Haut.

Mirum tamen, nullam huiusmodi animalis anatomiam vnquàm ab vllo confectam esse; ex interiori enim constitutione facilè de eiusdem naturalibus facultatibus conijcere poterant: Si enim os & dentes, si stomachum habeat, non video cur natura membra cibi reconditoria sine vsu ipsis assignauerit: Sed non dubito, quin mea instructione informati Patres nostri Americani exactiorem in posterum omnium experientiam sint sumpturi.

Voces cęterorum quadrupedum cùm notæ sint passim, ijs non inhærebimus, sed ad volucrum quarundam voces describendas calamum conuertèmus.

Die Musurgia universalis *ist ein Buch über alles, was klingt und Musik macht. Dazu gehören auch die Faultiere: sechs Töne hinauf und wieder hinab.*

rück, denn es sei der flinke Peter, der *perico ligero*, von dem die Menschen die Tonleiter haben, und deshalb solle man ihn besser *perico músico* nennen.

Zu Oviedos Zeiten hatten die allermeisten Europäer nie die Chance, den Gesang der Faultiere zu hören. Umso mehr muss es zum Mythos der Neuen Welt beigetragen haben, wenn jemand, der dort gewesen ist, behauptet, gerade hier habe die Musik ihren Ursprung. Mehr als hundert Jahre wurde darüber zumindest nachgedacht, denn auch in der sogenannten

Musurgia Universalis (1650) werden die Faultiere als tierische Erfinder der Tonleiter gewürdigt. In dieser barocken Enzyklopädie versucht der Jesuit Athanasius Kircher alles Wissen über Klang und Musik zu einer mehr oder weniger plausiblen Theorie zu verbinden. Kircher geht davon aus, dass sich die Musik aus der Nachahmung von Tierstimmen entwickelt habe. Der Faultiergesang sei dabei gegenüber dem der Vögel noch einmal ursprünglicher, denn er verkörpere am reinsten die Einteilung des Tonmaterials in eine Skala. Die Musik könne deshalb »von nichts anderem als von der Stimme dieses wunderlichen Tieres ihren Ursprung genommen haben«. Die Faultiere zeichneten sich durch eine »wunderbare Art der Stimmbildung« aus, ihre Stimme sei »ungeheuerlich«, »außergewöhnlich« (*prodigiosus*) wie die eines musikalischen Wunderkindes. Sie steige wie jene der Gesangsschüler bei der Stimmbildung eine Tonleiter von sechs Tönen auf- und wieder ab, wie Oviedo es geschildert hat.

Das ist deswegen umso erstaunlicher, weil in Mittelalter und Renaissance der sogenannte Hexachord die am weitesten verbreitete Tonskala war und die Grundlage der Gesangsausbildung bildete. Kircher stellt deshalb die Überlegung an, dass die spanischen Konquistadoren die Rufe der Faultiere zunächst für den Gesang von Menschen gehalten haben müssten, »die mit den Vorschriften unserer Musik vertraut« gewesen seien. Die Entdeckung der Faultiere ist eine Ungeheuerlichkeit, denn sie scheint nichts Geringeres zu bedeuten, als dass die Musik von Menschen erfunden worden sein muss, die nie mit dem Christentum in Kontakt gekommen sind und noch gar keinen festen Platz in der Geschichte haben. Dieser Gedanke ist Kircher nicht geheuer. Daher beginnt das Kapitel über den »amerikanischen

Vierfüßler« (*Quadripedum Americanum*) mit der Ankündigung einer rein fiktiven Geschichte: »falls die Musik in Amerika zuerst erfunden worden wäre«. Denn wäre es wirklich so gewesen, hätte es eine Zumutung für das christliche, eurozentrische Weltbild bedeutet, auch wenn ein kleiner Trost darin geblieben wäre, dass dann auch am anderen Ende der Welt die Menschen dieselben Noten sängen wie die Chöre im Vatikan, wo Kircher die meiste Zeit seines Lebens verbrachte.

Dass es sich bei den Tierlauten um Musik handelt, steht für Kircher jedoch außer Frage, und es ist ihm so wichtig, dass er sogar mit einer Notendarstellung des Faultiergesangs aufwartet; es ist die erste Tonfolge in der Enzyklopädie, die auf Notenlinien notiert wird. Noch ein weiteres Detail zeigt, wie sehr ihre musikalische Begabung die Faultiere in seiner Achtung steigen ließ: Kircher verwendet nicht nur das lateinische Wort für Faulheit (*pigritia*), um die Tiere zu benennen, sondern führt auch den indigenen Namen *haut* an und erklärt, dieser sei von dem Gesang der Faultiere hergeleitet. Es sei der Stimmlaut *ha*, den sie auf den einzelnen Stufen der Sechstonskala wiederholen: *ha ha ha ha ha ha*. Hätte sich der Gedanke festgesetzt, dass ihr Gesang am Anfang der Musik stehe, würden wir die Faultiere heute vielleicht *Ai, Haut* oder etwa Singtiere nennen. Wieso gingen das Staunen und die Faszination verloren, mit denen die ersten Europäer ihnen begegneten? Die Antwort hängt nicht mit dem Gesang der Faultiere zusammen, sondern mit ihren Essgewohnheiten.

Aus einer holländischen Naturgeschichte des 18. Jahrhunderts.
Das Zweifingerfaultier hat zwei Krallen an den Vorderbeinen, aber drei an den Hinterbeinen.

Tiere, die vom Wind leben

Das Schnabeltier ist ein Tier mit Schnabel, das Stachelschwein ein Schwein mit Stacheln und das Stinktier ein Tier, das stinkt. Diese nicht besonders kreativen Bezeichnungen sind ausschließlich deskriptiver Natur. Das Faultier jedoch ist ein faules Tier – anstatt es Hängetier, Zotteltier, Singtier oder gar Lächeltier zu nennen, haben sich in den europäischen Sprachen wertende Bezeichnungen durchgesetzt, die meist von der Todsünde der Faulheit abgeleitet sind: im Spanischen *perezoso*, im Portugiesischen *preguiça*, im Französischen *paresseux*, im Polnischen *leniwiec*, im Dänischen und Norwegischen *dovendyr*, im Englischen *sloth* und im Deutschen eben: *Faultier*. Lediglich das Griechische (βραδύπους) und das Italienische (*bradipo*) stellen eine Ausnahme dar, denn hier orientieren sich die gängigen Namen an der zoologischen Nomenklatur für die Gattung *Bradypus*, die wiederum eine Zusammensetzung aus den griechischen Wörtern für langsam (βραδύς) und Fuß (πούς) ist. Auch die Schweden benutzen einen eher beschreibenden als moralisierenden Namen, wenn sie das Faultier als *sengångare*, als ›Langsamgänger‹ bezeichnen. *Ai, Haut* und die anderen Namen der Indigenen, die den Europäern durchaus bekannt waren, haben sich dagegen nicht durchgesetzt.

Das scheint vor allem einen Grund zu haben: die christliche Mission. Es sind die Europäer, nicht die Ureinwohner Südamerikas gewesen, die das Faultier zuerst mit Faulheit in Verbindung brachten. Das berichtet zumindest José de Anchieta, ein in Portugal ausgebildeter Jesuit, der an der Gründung des heutigen São Paulo beteiligt war, dem Ausgangspunkt der Versuche, die Indigenen des Amazonasgebiets zu bekehren. Um seinen aus Europa kommenden Ordensbrüdern die Missionierung zu erleichtern, berichtet Anchieta auch von den Tieren des brasilianischen Urwalds. Die Ureinwohner dieser Region hätten die Faultiere *aig* oder *ai* genannt, die Portugiesen dagegen *preguiça*, Faulheit. Mit dem Namen sollten die Indigenen wohl auch die christlichen Moralvorstellungen übernehmen und damit den Gedanken, es handele sich um ein faules Tier. Auch ein anderer Brief eines Ordensbruders vermengt Beschreibung und Bewertung, wenn es heißt, das Gesicht der Faultiere sehe aus wie das einer ungepflegten, schlecht frisierten Frau. Während Oviedo in den Faultieren die Erfinder der Musik entdeckt, sehen die jesuitischen Missionare Arbeitsunwilligkeit und schlechte Hygiene. Ihr kolonialer Blick ist ebenso frauen- wie faultierfeindlich.

Eine andere Bemerkung in den Berichten trifft dagegen zu, allerdings war sie damals weniger selbstverständlich, als man meinen könnte: Faultiere ernähren sich von den Blättern der Bäume, auf denen sie leben. Sie hängen nicht nur in Baumwipfeln herum, sie fressen, trinken und verdauen wie Menschen und andere Tiere auch. Den Gedanken, dass Faultiere keine Nahrung bräuchten, hat jedoch ein anderer Kirchenmann voller Bewunderung in die Welt gesetzt – der Franziskaner André Thevet. Schon aus dem Titel seines Kapitels über die Faultiere spricht vor allem Erstaunen: *Über ein sehr merkwürdiges Tier, genannt Haut* (*D'une beste assez estrange, appellée Haüt*). Thevet erklärt diesen Namen nicht aus dem *ha ha ha* des Faultiergesangs; vielmehr sei er darauf zurückzuführen, dass die Faultiere auf Bäumen lebten, die *amahut* hießen. Umso größer ist die Überraschung, wenn Thevet betont, niemand gehe davon aus, dass die Faultiere die Blätter der Bäume fräßen, an denen sie hängen und nach denen sie benannt sind. »Kein lebender Mensch hat sie jemals fressen sehen«, auch die Ureinwohner hätten das nie beobachtet. Ausgiebig widmet Thevet sich daher der Behauptung, dass Faultiere sich allein vom Wind ernähren. Tiere, die nichts fressen und nichts trinken? Das ist für Thevet eine durchaus plausible Vorstellung. Denn es bestätige etwas, was bereits Plinius von den Chamäleons behauptet hat, und Thevet beeilt sich zu versichern, er habe in Konstantinopel mit eigenen Augen Chamäleons gesehen, die ebenfalls »offenbar nur von Luft gelebt haben«. Außerdem habe ein Faultier tatsächlich sechsundzwanzig Tage in Gefangenschaft überlebt, ohne etwas zu fressen oder zu trinken. Das bedeute aber, wie Thevet folgert, dass es sowohl in der Alten als auch in der Neuen Welt verschiedene Tiere gebe, die nur vom Wind lebten.

Während die Briefe der Jesuiten, wenn sie auch mit Vorurteilen beladen sind, vor allem Informationen weitergeben, die bei Kolonisierung und Missionierung helfen und sie rechtfertigen sollen, stellt Thevet das Besondere und Außergewöhnliche der Neuen Welt heraus: Amerika biete etwas für die Liebhaber des Seltenen und Einzigartigen, ein Tier, das »so unförmig ist wie nur möglich«. Aber Thevet zweifelt nicht daran, dass sich diese Entdeckungen in das christliche Weltbild integrieren lassen. Denn wie sehr man sich auch bemühe, die Natur zu erforschen, sie gebe doch nie alle Geheimnisse preis. Warum solche »großartigen, diversen und oft nicht zu verstehenden, den Menschen

Staunen machenden Wesen« wie die Faultiere existierten, werde ein Geheimnis der Natur bleiben, »dessen Kenntnis dem einzigen Schöpfer vorbehalten ist«. So merkwürdig manche Lebewesen auch sein mögen: dass es Geschöpfe Gottes sind, steht für den Franziskaner außer Frage.

Diese Einbeziehung der Faultiere in die christliche Welterklärung ist harmlos in ihrer Übergriffigkeit, vergleicht man sie mit den Äußerungen anderer Zeitgenossen. Besonders hoch werden die Faultiere von Guillaume Postel geschätzt, der sie aber auch in besonders krasser Weise vereinnahmt. Postel war ein polyglotter Gelehrter, bei dem sich christliche, arabische und jüdische Überlieferung zu einer Religion vermischten, als deren Prophet er sich verstand. Dass Postel nicht nur Texte aus dem Arabischen und Hebräischen übersetzte, sondern auch nach Gemeinsamkeiten der Religionen suchte, sorgte dafür, dass er an der Pariser Universität und dem Königshof in Ungnade fiel, und umso radikaler und reißerischer wurden die Bücher, mit denen Postel seinen Lebensunterhalt bestreiten musste. In einem von diesen, dem wohl 1553 entstandenen Büchlein über die *Wunder der Welt, vor allem die staunenswerten Sachen aus der neuen Welt* (*Des merveilles du monde, principalemét des admirables choses ... du nouveau monde*) kommen auch die Faultiere vor. Postel übersetzt Oviedos Beschreibung der Tiere aus dem Spanischen ins Französische. Dabei ergänzt er sie nicht nur um den Vergleich mit den Chamäleons, er bietet auch eine Erklärung dafür an, warum es Gott gefallen habe, sogar dem Faultier das Leben zu schenken. Dafür greift er den Gedanken auf, dass Faultiere nichts fräßen, und gibt ihm eine radikale Wendung: »Wir sehen an diesem kleinen Tier, wie es

Zweifingerfaultiere, gedruckt 1797 in einem Bericht über die Strafexpedition »gegen die rebellischen Neger« in Surinam.

Viele Darstellungen zeigen Faultiere mit menschlichen Gesichtern. Sogar noch in einem Atlas d'Histoire Naturelle, *der 1875 gedruckt wurde.*

möglich ist, dass auch der menschliche Leib, ohne zu trinken oder zu essen, das ewige Leben besitzen kann.« Die Faultiere seien zwar wie die Chamäleons ausgesprochen hässlich (auch wenn sie im Unterschied zu diesen immerhin ein Fell besäßen), aber das sind Äußerlichkeiten. Postel kommt es darauf an, dass in diesen Lebewesen die vier in der antiken Medizin identifizierten Lebenskräfte in einem völlig harmonischen Verhältnis stünden und ihr Körper daher überdauern könne, ohne dass er auf Nahrung angewiesen sei. Gleiches gelte für den Menschen: Auch er werde nicht durch Essen und Trinken am Leben erhalten, sondern dank dem »übernatürlichen Willen und dem Werk Gottes«. Das Faultier biete »einen einleuchtenden und der Erfahrung entnommenen Beleg« für die Unsterblichkeit von Leib und Seele. An den Faultieren sehe man, »wie der göttliche und himmlische Hauch den Leib in Ewigkeit nähren und am Leben erhalten kann«. Es führe so die Allmacht Gottes vor Augen, welche den Tod und die Macht des Satans überwinde.

Postel spinnt den Gedanken sogar noch weiter, wenn er in der Existenz der Faultiere einen der Gründe dafür vermutet, dass die Christen den amerikanischen Kontinent so spät entdeckt hätten. Denn erst auf dieser Entwicklungsstufe der Menschheit habe Gott zulassen können, dass ihnen ein lebender Beweis für die Unsterblichkeit von Seele und Leib vor Augen trete, der eine größere Ähnlichkeit mit dem Menschen besitze als die Chamäleons. Faultiere leben vom Wind, sie sind unsterblich – und sie haben Fell. Das ist die Kombination, die Postel fasziniert und seine Fantasie beflügelt. Dadurch kommt ihnen sogar ein gewisser Vorbildcharakter zu: Im Kapitel über die Faultiere beschreibt Postel auch die Entbehrungen religiöser Asketen, offenbar um zu zeigen, dass sie genau wie die Faultiere versuchen, die Lebenskräfte ins Gleichgewicht zu bringen und nur vom göttlichen Odem zu leben. Faultiere mögen faul sein, doch sie zeigen damit den Weg zum ewigen Leben.

Diese Spekulationen sind abgedreht, um das Mindeste zu sagen, und es ist vielleicht wenig überraschend, dass Postel einige Jahre später in Venedig der Häresie angeklagt und verhaftet, aber schon nach einigen Monaten als harmloser Irrer wieder entlassen wurde. Seine Beschreibung der Faultiere ist jedenfalls ein Extrembeispiel dafür, wie man der bloßen Existenz eines Tiers hochgradig metaphysische Bedeutung zumessen kann. Das Lob der Faultiere, die wegen ihrer asketischen

Lebensweise zum Vorbild werden, ist jedoch die große Ausnahme in der europäischen Kulturgeschichte. Eine ähnliche Hochschätzung bringt den Faultieren erst wieder Nietzsche entgegen, fünfhundert Jahre später und unter ganz anderen Voraussetzungen. Auf Postel folgt so etwas wie das dunkle Zeitalter der Faultiere, in denen ihre Lebensweise nur noch als evolutionärer Irrtum, als Sündenfall und moralische Schwäche verstanden wird. Dass die Geschichte diese Wendung nimmt, hängt nicht zuletzt zusammen mit der Auseinandersetzung zwischen den katholischen und den protestantischen Eroberern um die Kolonisierung Südamerikas. In diesen Konflikt werden auch die Faultiere verwickelt – und auf einmal sind sie nur noch das: faule Tiere.

»Es ist ein faules Thier / wovon es auch seinen Namen bekommen«

Den ersten Reiseberichten merkt man noch an, wie viel Erstaunen die Entdeckung der Neuen Welt ausgelöst hat. Es ist noch nicht festgelegt, wie man umgehen soll mit dem Neuen, Fremden, das die europäische Gelehrtenwelt nur aus den Schilderungen der Soldaten, Missionare und Entdecker kennt. Die Schwierigkeiten beginnen schon bei der Frage, wie die Faultiere überhaupt aussehen. Die Berichte aus der Neuen Welt bieten meist nur Text. Vor allem, wenn noch kein Bild aus einer älteren Publikation vorlag, mussten diese Texte als Inspiration für die Illustratoren dienen, deren Fantasie gefragt war. Gab es einmal eine Text-Bild-Kombination, wurde sie sehr wahrscheinlich immer wieder abgedruckt, weil es nicht möglich war, sie erneut an der Wirklichkeit zu überprüfen.

Auch Faultierbilder lassen sich deshalb sehr leicht für die eigenen Absichten instrumentalisieren. Das wird deutlich bei einem ikonischen Bild, in dem die Berichte aus der Neuen Welt besonders fantasievoll umgesetzt wurden: In Thevets Buch über Südamerika findet sich auch ein Holzschnitt, und es ist vor allem dieses Bild, mit dem die Faultiere in die konfessionellen Konflikte der Zeit hineingezogen werden. Ein besonders krasses Beispiel liefert der Reisebericht des Calvinisten Jean de Léry, der wie der Katholik Thevet an der französischen Brasilienexpedition teilnahm. Anders als Thevet verbringt Léry zwei Jahre auf dem Festland und versucht vergeblich, eine

Obwohl die Abbildung bei Thevet kaum weniger naturgetreu sein könnte, wird sie jahrhundertelang kopiert.

protestantische Kolonie in der neuen Welt zu gründen. Sein Bericht über das Amazonasgebiet wird erst zwanzig Jahre nach seiner Rückkehr veröffentlicht, offenbar um noch einmal für die Missionierung zu werben, denn das Buch schildert mit großer Empörung die Zustände unter den Gottlosen, die »augenscheinlich und mit der That vom Teuffel gemartert werden« und deshalb zu ihrem eigenen Besten zum Calvinismus übertreten sollten. In einem langen Kapitel über die Religion

Sind Faultiere kleine Teufel? So sieht es aus in Lérys Bericht über seine Zeit in Brasilien.

der Indigenen und ihren naiven Glauben tauchen die Faultiere auf einem Holzschnitt auf, der anschaulich macht, wie stark religiöse Kategorien die Wahrnehmung der Natur prägen können. Denn hier sind es geflügelte Fische und eben Faultiere, in deren Gestalt den Wilden der Teufel erscheint und die im Verbund mit hühnerfüßigen und gehörnten Dämonen auftreten, um die Ungläubigen zu quälen. Obwohl die Ähnlichkeit der Abbildung darauf schließen lässt, dass es sich um eine Kopie aus Thevets Buch handelt, könnte der Kontrast zu dessen Darstellung kaum stärker sein. Dort nämlich ist das Faultier eingebettet in eine idyllische Szene mit einer Mutter und spielenden Kindern. Zwar wird das Tier auch bei Thevet mit überlangen Krallen ausgestattet, mit Pfeil und Bogen gejagt und an Bäumen festgebunden, was weitab von der Wirklichkeit ist. Aber bei Léry wird aus dieser Vorlage eine regelrechte Höllenvision, und es fehlt nicht viel, dass die Tiere mit den drei langen Krallen nicht nur spitze Luchsohren, sondern auch kleine Teufelshörnchen haben.

Wie Léry und sein Illustrator das Leben auf dem neuen Kontinent wahrnehmen, ist nicht weniger spekulativ als die Vorstellungswelt Postels, der in den Faultieren einen Beweis für das ewige Leben sah. Aber die Kategorien des Glaubens vermischen sich jetzt mit moralischen, denn Léry überlegt auch, wie man am besten an die religiösen Vorstellungen der Tupi-Völker anknüpfen könne, um sie mit dem christlichen Gott bekannt zu machen. Sünde und Faultier werden zwar nur über ein Bild in Verbindung gebracht, aber die Ikonografie ist eindeutig: Die Faultiere werden nicht mehr als kurioser Bestandteil der Schöpfung gedeutet. Ihre ›Faulheit‹ wirkt vielmehr auf den Menschen zurück, weshalb es zu einer Frage des eigenen Seelenheils wird, ob man sich mit ihnen umgibt. Léry bildet die Faultiere ab, um die moralische Notwendigkeit einer protestantischen Missionierung Südamerikas zu zeigen. Die Faultiere sind wie die Indigenen in einem Teufelskreis der Zuschreibungen gefangen, in dem das, was fremd und anders ist, die Überlegenheit der christlichen Religion bestätigt und vor allem der eigenen Selbstbehauptung dient.

Aquarellskizze eines unbekannten Malers. Darunter ist notiert: »Dieses Thier wirt bey den Teutschen ein Luijaert genannt ...« Der Name entspricht dem heutigen niederländischen Wort für ›Faulenzer‹, luiaard.

Es ist wenig überraschend, dass sich in einem ganz ähnlichen Text auch der erste Beleg für jenen Namen findet, der in der deutschen Sprache noch immer verwendet wird. Johann

Ludwig Gottfried war nicht nur protestantischer Theologe und Pfarrer, sondern übersetzte auch verschiedene Quellen aus anderen Sprachen ins Deutsche. Mit seinen *Newe Welt Vnd Americanische Historien* (1631) wurde aus Oviedos flinkem Peterchen endgültig das Faultier. Die Spanier hätten es zuerst »das Traege oder Faul Thier« genannt und ihm damit den Namen gegeben, der seiner Langsamkeit gebühre. Auch Gottfried erwähnt die besondere Hässlichkeit des Tieres, fügt dem aber etwas hinzu, das für die religiös-moralisierende Perspektive typisch ist. Wie viele Texte dieser Art verwischt Gottfried endgültig die Grenze zwischen Mensch und Tier, denn hinter seiner Beschreibung könnte man ebenso gut einen ungepflegten Menschen vermuten: »sehr abschewlich anzusehen / mit Fingers langen Klawen / vnd langen Haaren / so vom Haupt an ihme den gantzen Halß bedecken«. Zwar leitet Gottfried seine Beschreibung der Tiere und Pflanzen mit der Bemerkung ein, Gott habe jedem Erdteil seine Eigenheiten mitgeben wollen, und er bemerkt, das Faultier sei eines der besonders wunderlichen Tiere. Dennoch ist in seiner Ausführung der mahnende Zeigefinger nicht zu überhören.

Dreißig Jahre später kündigt schon die entsprechende Kapitelüberschrift einer aus dem Niederländischen übersetzten Naturgeschichte ein faules Tier an, obwohl man wieder meinen könnte, es sei von einem Menschen die Rede: *Von dem Faulenzer*. In der kurzen Beschreibung ist von der Bewunderung für das Außergewöhnliche, vom Faultier als Inspiration für die Erfindung der Musik und als Beleg für das ewige Leben nichts mehr geblieben. Es werden nur die bereits bekannten Stereotypen wiederholt und die Namensgebung gerechtfertigt: »Es ist

Die Ölskizze ist die erste lebensechte Darstellung eines Faultiers, die überliefert ist. Wer sie angefertigt hat, ist nicht bekannt.

ein faules Thier / wovon es auch seinen Namen bekommen.« ›Faul‹ meint jetzt nicht mehr nur träge und langsam, sondern arbeitsscheu und lasterhaft. Die Vieldeutigkeit des Worts verbirgt den Kategorienfehler, der darin steckt: Tiere handeln nicht wie Menschen, und es ist unsinnig, ihr Verhalten in Kategorien von Tugend und Laster zu beurteilen. Allerdings geht es in solchen Beschreibungen letztlich ohnehin nicht um die Faultiere, sondern um die Bestätigung der eigenen moralischen Überlegenheit.

Dennoch war es auch im 17. Jahrhundert abseits der politischen und konfessionellen Konflikte durchaus möglich, sich

Suchbild mit Faultier: Titelkupfer der Naturgeschichte von Wilhelm Piso und Georg Markgraf.

dem Fremden und Neuen unbefangen zu nähern. Das Besondere einer anderen Abbildung, die nur wenige Jahre nach Lérys Buch angefertigt wurde, liegt auch darin, dass sie nach den Holzschnitten und Kupferstichen das erste farbige Bild eines Faultiers ist, das sich bis heute erhalten hat. Zudem stammt es aus der Hand eines Malers, der sein Handwerk verstand – und lebenden Faultieren begegnet ist. Der Unterschied zwischen den Beinahe-Teufelchen Lérys und der von einem unbekannten Maler angefertigten Ölskizze könnte jedenfalls kaum größer sein. Das Bild entstand auf einer siebenjährigen Expedition, die 1637 im Auftrag der Niederländischen Westindien-Kompanie begann, die Ostküste Brasiliens zu erforschen. Das Gebiet war damals tatsächlich keine portugiesische, sondern eine protestantische Kolonie, Niederländisch-Brasilien. Deren Hauptstadt war das heutige Recife, genauer die auf einer Insel vor der Küste gegründete Mauritzstadt, benannt nach dem deutschen Adligen Johann-Moritz von Nassau-Siegen, der die Kolonie im Auftrag der Westindien-Kompanie regierte. Ihm ist der erste zoologische und botanische Garten Amerikas zu verdanken, und man möchte sich gerne vorstellen, dass dort das Faultier lebte, das der für Moritz arbeitende Maler auf brauner Grundierung festgehalten hat, mit feinen Farbunterschieden in der Fellzeichnung. Wäre ihm die Wahl geblieben, hätte es vermutlich lieber an einem Baum gehangen, als auf dem Boden zu liegen. Obwohl der Künstler sich an die Konvention der Naturgeschichten hält, Tiere für sich und auf allen vieren abzubilden, ist die Darstellung so genau, dass der schwarze Streifen auf seinem Rücken es als ein Braunkehl-Faultier zu erkennen gibt.

Dennoch sollte dieses Bild keine Verbreitung finden und nicht in der Veröffentlichung verwendet werden, welche die zwei in Diensten von Johann Moritz stehenden Naturkundler Wilhelm Piso und Georg Markgraf zwei Jahre nach ihrer Rückkehr nach Europa herausgaben. Merkwürdig an ihrer *Historia Naturalis Brasiliae* (1648) ist, dass dort zwei Faultiere abgebildet sind, die einander gar nicht ähnlich sehen: Auf dem Titelkupfer hängt ein recht niedliches Faultier mit grauem Fell im Baum. Im Kapitel über die Faultiere dagegen wird die Abbildung aus einem anderen Werk kopiert. Sein Fell ist zwar braun koloriert, aber das Faultier steht auf allen vier Beinen, wie es sich im Leben nie halten könnte. Es ist nur schwer zu glauben, dass dies dasselbe Tier sein soll, das auf der Titelseite im Baum hängt. Obwohl Piso und Markgraf Faultiere aus eigener Anschauung kannten, haben sie sich offenbar nicht getraut, die tradierten Bilder zu korrigieren. Die Ölskizze des Braunkehl-Faultiers und ein anderes Aquarell, das ebenso nach der lebendigen Natur angefertigt wurde und sich durch eine gewisse Genauigkeit auszeichnet, verschwanden dagegen in einer von Johann-Moritz selbst kommentierten Sammlung von Aquarellen der Flora und Fauna, die nur noch der Hochadel zu Gesicht bekam. Und damit wurde es auch für die lesende Öffentlichkeit in Europa unmöglich, sich ein Bild von den Faultieren zu machen, das auch nur halbwegs der Wirklichkeit entsprach.

Monstres par défaut

Nicht nur in die konfessionellen Konflikte, auch in den Streit zwischen den Naturforschern der Neuzeit werden die Faultiere verwickelt. In den Wissenschaften bereitet es nicht minder Schwierigkeiten, die Faultiere in die herrschenden Erklärungsmuster einzuordnen. Das gilt vor allem für die ersten Ansätze evolutionären Denkens, denn wenn diese Tiere so faul, hässlich und unvollkommen sind – warum sind sie dann nicht schon längst ausgestorben? Und noch etwas anderes macht sie zu Sonderfällen: ihre Anatomie. Der Vergleich des Körperbaus ist die wichtigste Methode der Zeit, um Verwandtschaftsbeziehungen zwischen verschiedenen Arten herzustellen und zu bestätigen. Nach deren Kriterien fallen die Faultiere wegen mehrerer Eigenarten auf, zuallererst wegen ihres Gebisses: Faultiere gehören zur Ordnung der Zahnarmen (*Pilosa*), zu der sonst nur noch die Ameisenbären zählen; sie besitzen anders als andere höhere Säugetiere keine Schneidezähne. Im Oberkiefer sind es typischerweise zehn, im Unterkiefer sogar nur acht Zähne, die eher eckig und flach ausgebildet sind, um die festen Blätter zerreiben zu können, welche die Hauptnahrung der Faultiere ausmachen.

Welche Rolle solche Merkmale für die ersten modernen Naturgeschichten spielen, wird bei Carl von Linné deutlich, der 1735 die Faultiere in sein *Systema Naturae* einordnet. In der ersten Auflage folgt Linné dem englischen Botaniker John Ray, der innerhalb der Säugetiere und Vierfüßer eine Ordnung der *Anthropomorpha*, der Menschengestaltigen, unterschied. Diese Zuordnung markiert eine Epochenschwelle, denn auch der Mensch bildet eine Gattung dieser Ordnung und wird damit als Tier unter Tieren begriffen. Außerdem zu den *Antrophomorpha* gehören, wenig überraschend, die Affen (*Simia*), aber auch die Faultiere (*Bradypus*). Der Grund für diese Zuordnung ist nicht ganz klar, aber offenbar hat sich Ray vor allem an der Lebensform und der Physiognomie orientiert: Die Faultiere teilen ihren Lebensraum mit einigen Affenarten, und seit den ersten Beschreibungen wird die Beobachtung weitergetragen, das Gesicht der Faultiere ähnele dem eines Menschen. Die Vorstellung einer besonderen Ähnlichkeit von Mensch und Faultier übernimmt Ray in die Zoologie. Es muss jedoch eine Zumutung gewesen sein, dass Linné die Menschen in seinem tabellarischen Überblick über die Arten nicht nur neben die Affen, sondern auch neben die Faultiere stellt.

Jedenfalls ist es nicht ohne Ironie, wenn er als Unterscheidungsmerkmal der Gattung Homo keine biologische Eigenschaft angibt, sondern die Aufforderung *nosce te ipsum*, »Erkenne dich selbst!«. Aber während die Affen in der nächsten Verwandtschaft des Menschen bleiben, korrigiert Linné in einer späteren Auflage die Zuordnung der Faultiere, denn sie stimmt mit dem anatomischen Kriterium nicht überein: Anders als Affen und Menschen haben Faultiere nicht jeweils vier Schneidezähne in Ober- und Unterkiefer, sondern gar keine. In der überarbeiteten zehnten Auflage seines *Systema* werden die Faultiere deshalb mit den Elefanten, Ameisenbären und Schuppentieren zur Ordnung der *Bruta* gezählt, die durch sol-

Affe mit Langhaarfrisur? Dreifingerfaultier aus einer niederländischen Vogelkunde, 1772–1781 erschienen.

che wenig ausdifferenzierten Zähne charakterisiert sind. Für die höheren Säugetiere hat er inzwischen die Ordnung *Primates* geschaffen, zu der nur die Menschen und Affen gehören. Im System der Arten und der Selbsterkenntnis, die sich darauf stützen soll, gelangen die Faultiere damit wieder in sichere Entfernung zum Menschen.

Im Gegenentwurf zu Linnés System, der Naturgeschichte Georges-Louis Leclerc de Buffons, ist das anders. Buffons Enzyklopädie stellt einen großen Versuch dar, nicht nur nach Arten zu kategorisieren, sondern von ihnen zu erzählen. Das ist sein Ideal für den naturwissenschaftlichen Stil, der sich nicht durch systematische Ordnung auszeichnen soll, sondern durch »die Bewegung, in die man seine Gedanken bringt«. Dabei geht es nicht darum, einfach Geschichten zu erfinden. Tierfabeln lehnt Buffon als Erkenntnisquelle ab und entlarvt sie öfter als irreführend. Durch das Erzählen will Buffon dem Objekt möglichst nahe kommen, weshalb ein außerordentlicher Gegenstand auch mit deutlichen Worten beschrieben werden muss. Für dieses emphatische Beschreiben ist das Kapitel über die Faultiere ein gutes Beispiel. Zunächst plädiert Buffon dafür, die indigenen Namen *Unau* und *Aï* für das Zwei- und Dreifingerfaultier zu verwenden, und listet die anatomischen Unterschiede der beiden Arten auf. Aber wenn er dann zur Beschreibung des Verhaltens übergeht und die Trägheit der Faultiere mit der Lebendigkeit und Agilität der Affen vergleicht, führt das zu einem vernichtenden Urteil: »So sehr uns die Natur in den Affen lebendig, beweglich, überschwänglich erscheint, so sehr ist sie langsam, eingezwängt und zurückhaltend in den Faultieren.« Die Faultiere könnten nichts dafür. Sie seien nun einmal von Natur aus degeneriert, ihr Leben »weniger Faulheit als Elend: Defekt, Mangel, Gestalt gewordenes Laster«. Anschließend greift Buffon die Vorstellung auf, die Rufe der Faultiere seien keine Lockrufe, sondern Klagelaute, die sie ausstoßen, weil ihre »bizarre und verwahrloste Gestalt« ihnen »unablässigen Schmerz« bereite. Ihre Langsamkeit und Dummheit zeigten, wie sehr die Faultiere das Wesen der Tiere verfehlten, sie seien »Monster aus Unvollkommenheit« (*monstres par défaut*).

Auch Buffon benutzt also Begriffe wie ›lasterhaft‹, die menschliche und moralische Eigenschaften beschreiben, aber das geschieht mit deutlich größerem Zögern als bei den moralisierenden Theologen. Das Leiden der Faultiere ist für ihn vielmehr besonders erklärungsbedürftig, weil es nicht, wie beim Menschen, selbstverschuldet ist. Wie könne man an der Glückseligkeit aller Lebewesen zweifeln, so Buffons rhetorische Frage, wenn sie alles hätten, was sie zum Leben bräuchten? Im Allgemeinen seien die Tiere zum Glück begabt, beeilt Buffon sich zu versichern, nur die Faultiere stellten eine Ausnahme dar: »Unau und Aï sind in Ungnade gefallene Arten, sie sind vielleicht die einzigen, die von der Natur schlecht behandelt wurden, die einzigen, die uns den Anblick angeborenen Elends bieten.« Es ist ein schwacher Trost, wenn Buffon weiter behauptet, die Faultiere seien so tumb, dass sie ihr eigenes Leid kaum wahrnähmen. Zum Beleg verweist er in emotionslosem Ton auf eine erschütternde Passage in der Naturkunde von Markgraf und Piso: Die beiden Ärzte berichten von einer Vivisektion, bei der einem Faultier bei lebendigem Leibe Eingeweide und Herz entnommen wurden. Buffon, anscheinend ebenso herzlos, hält fest, worauf es ihm dabei ankommt: Das Tier sei nicht sofort an seinen Schmerzen verendet, vielmehr habe es weiter versucht, seine Beine zu bewegen, und sein Herz habe erst nach einer halben Stunde zu schlagen aufgehört. Was nun eigentlich auf einen Mangel an Mitgefühl bei den Anatomen schließen lässt, beweist für Buffon, wie unempfindlich die Faultiere gegen ihr eigenes Leid seien; sie litten in Wahrheit gar

Buffon beschreibt die Faultiere als die unglücklichsten Tiere. Dazu passen die Illustrationen in seiner Naturgeschichte.

nicht. Das grausame Experiment verteidigt so den Grundsatz, dass von Natur aus kein Tier unglücklich sei. Die Natur erscheine uns eben doch »mehr als Mutter denn als Schwiegermutter«.

Buffon belässt es allerdings nicht bei diesem Nachdenken über die Gerechtigkeit von Mutter Natur, sondern beginnt, über die evolutionäre Entwicklung der Arten zu spekulieren. Er geht davon aus, dass die Arten sich verändern, weil sie einen Prozess der Vervollkommnung durchlaufen. Auch in dieser Hinsicht kommen die Faultiere nicht gut weg, sind aber zugleich ein wichtiges Beispiel für Buffons Theorie. Sie bieten nämlich nicht nur einen starken Beleg für die Experimentierfreudigkeit der Evolution, das Prinzip, dass alles, was nur irgendwie überlebensfähig ist, auch wirklich irgendwo existieren muss. Weil sie in ihrer aktuellen Gestalt nur gerade so überleben können, markieren die Faultiere darüber hinaus die Grenze zwischen tierischem und pflanzlichem Leben: »Die Faultiere sind das letzte Glied des Wirklichen in der Ordnung der Tiere aus Fleisch und Blut; ein Defekt mehr, und sie hätten nicht bestehen können.«

Obwohl Buffon die Anatomie und den Skelettbau des Faultiers ausführlich diskutiert, liefern diese jedoch keinen Beweis dafür, dass es in der Ordnung des Lebendigen nur knapp über den Pflanzen steht. Der Vergleich mit dem Verhalten der Affen bereitete schon den Unterschied vor, den Buffon stattdessen heranzieht, um seine These zu belegen: Faultiere besäßen einen extrem geringen Bewegungsradius, sie seien »eingesperrt – ich sage nicht: eingeschränkt auf einen bestimmten Lebensraum, sondern gefangen auf einem Erdhügel, gefangen auf dem Baum, unter dem sie geboren wurden«. Diese Beschreibungen sind wohlgemerkt falsch, denn natürlich klettern Faultiere von einem Baum zum nächsten, und sie gebären ihre Jungen auch nicht auf der Erde, sondern in den Baumkronen. Doch Buffon greift zu diesen Übertreibungen, um zu belegen, dass Faultiere wie die Pflanzen »Gefangene inmitten des Raumes« seien. Die Unbeweglichkeit der Faultiere soll die These untermauern, dass sie sich kaum über die Pflanzen hinaus entwickelt haben.

Auch wenn Buffon also nicht mit der vergleichenden Anatomie argumentieren kann, ist seine Beschreibung doch darin fortschrittlicher als die von Linné, dass sie eine entwicklungsgeschichtliche Perspektive wählt. Anders als Charles Darwin zieht Buffon den Gedanken der natürlichen Selektion jedoch nicht heran, um die Entstehung der Arten zu erklären, sondern ihr Verschwinden. Aufgrund ihrer Mangelhaftigkeit sieht er sich berechtigt, das baldige Aussterben der Faultiere vorherzusagen. Sie stellten nur die »unvollkommenen Entwürfe« höherer Tiere dar, die von der Natur tausendmal ausprobiert und wieder verworfen werden mussten, bevor sie überhaupt lebensfähig wurden. Es sei deshalb ein Fehler, die Faultiere als vollständig entwickelte Art, »als ebenso absolute Lebewesen wie die anderen« zu sehen. Sie seien bloß Vorstufen anderer, vollkommenerer Arten – wie etwa der Affen. Die Faultiere als eine stabile Art aufzufassen, beruhige zwar das Bedürfnis des menschlichen Geistes nach Ordnung. Aber man verdränge doch nur ihr unausweichliches Schicksal. Wie die anderen unfertigen Tiere, die nur eine Zeit lang überlebten, bevor sie »von der Liste der Lebewesen gestrichen« wurden, seien auch die Tage der Faultiere gezählt. Dass sie noch immer existierten, hätten Unau und Aï allein der Tatsache zu verdanken, dass es in ihrem Lebensraum nur wenige Raubtiere gebe und dieser kaum vom Menschen besiedelt sei. Sonst hätten »diese Arten nicht bis zu uns überlebt, sie wären von den anderen ausgerottet worden, wie sie es eines Tages sein werden«.

Buffons Illustrationen bestätigen das baldige Ende der Faultiere. Denn auch wenn die Illustrationen Unau und Aï recht genau darstellen, wirken die Tiere verhärmt und hilflos, wie sie es am Boden auch sind – und alle drei sitzen oder kriechen auf der Erde. Eine der Abbildungen sticht heraus: Ein »junges Dreifingerfaultier«, so die Legende, sitzt aufrecht, sein kindliches Gesicht schmerzverzerrt. Die halb vom Betrachter abgewandte Sitzposition und die überkreuzten Arme erinnern an Ikonografien des Leidens, wie man sie aus Darstellungen der um ihren Sohn trauernden Maria kennt. Es sieht ein wenig so aus, als würde das Faultier versuchen, sich an sich selbst zu klammern, um sich über die kurze Lebenserwartung hinwegzutrösten, die ihm und seinen Nachkommen beschieden ist. Doch so abwegig diese Darstellung sein mag und so gewagt die Vorhersage, die Faultiere würden mit Sicherheit aussterben: Wie derart langsame, scheinbar lebensunfähige Tiere überleben können, wie es sein kann, dass sie sich überhaupt entwickelt haben – diese Fragen sollten die Faultiere lange begleiten. Fossilienfunde ab dem ausgehenden 18. Jahrhundert gaben noch ein weiteres Rätsel auf: Wie kann es sein, dass Faultiere evolutionäre Vorfahren haben, die weder faul waren noch in Bäumen lebten? Haben wir es bei der Entwicklung dieser Tiere vielleicht gar nicht mit Fortschritt zu tun, sondern mit einem Rückschritt?

Auch wenn es aussieht wie Tyrannosaurus rex, steht hier ein Riesenfaultier.

I select the Megatherium

Steht man heute vor dem gigantischen Skelett des Megatheriums oder Urfaultiers, hält man inne. Auch wenn seine Geschichte mittlerweile bekannt ist, lässt einen diese anachronistische Gestalt erstarren – das ist ein Überbleibsel aus einer Welt, die nach anderen, wüsteren Prinzipien funktionierte. In dem Ende des 19. Jahrhunderts populären Werk *Extinct Monsters. A Popular Account of Some of the Larger Forms of Ancient Animal Life* (1892) fasst Henry Neville Hutchinson sein Staunen eindrucksvoll in Worte – ein Staunen, das es sich beizubehalten lohnt:

> *Es ist nicht schwierig, sich ein mentales Bild davon zu machen, wie das große Biest einen Baum belagert, und sich vorzustellen, wie der gewaltige Körper des Megatheriums sich in einem kraftvollen Kampf krümmt, wie jede vibrierende Sehne mit der Kraft von hundert Riesen auf das knochige Gegenstück trifft.* […] *Schon ist das ersehnte Fressen in Reichweite und der Gigant stürzt sich auf den Lohn seiner Herkulesarbeit.*

Das Megatherium, das man um 1795 als direkten Vorfahren des Faultiers identifizierte, verkomplizierte dessen Verständnis als Irrtum der Evolution. Denn dieses »große Biest«, so die wörtliche Übersetzung, hat abgesehen von einer ähnlichen Anatomie nur wenig mit den sechs heute lebenden Faultierarten gemeinsam: Das zur Ordnung der Nebengelenktiere (*Xenarthra*) gehörende Megatherium existierte in Nord- und Südamerika bereits seit dem Pleistozän, also seit mindestens zwölftausend Jahren. Es lebte am Boden, brachte stolze zweieinhalb Tonnen auf die Waage, war über vier Meter groß, besaß kräftige Krallen, massive Knochen und war angeblich ein ausgesprochen soziales Wesen. Bis heute werden auf dem Gebiet seines ehemaligen Lebensraums in abgeschiedenen Höhlen Skelettreste und Koprolithe (fossile Exkremente) des Tiers gefunden. Ein im Museum der McGill University in Montreal ausgestelltes Megatheriumskelett beeindruckte noch in den 1880ern so sehr durch seine schiere Größe, dass nicht wenige Besucher dachten, sie stünden vor Tyrannosaurus Rex.

Imposant, mächtig und auch irgendwie beängstigend waren die Rekonstruktionen des Urfaultiers – Attribute, die denen der zeitgenössischen Arten deutlich widersprechen. Gerade weil es so schwierig war, das Urfaultier und seinen schläfrigen Gegenpart aus der Gegenwart zusammenzubringen, wurde das urzeitliche Riesenvieh zum transnationalen Faszinosum. Schon die erste Auseinandersetzung mit seinen Anfängen im europäischen Bewusstsein lässt ahnen, dass sein Schicksal, unter menschlicher Regie, mit Themen wie dem Streben nach Macht, Status und Rivalitäten unter Wissenschaftlern verquickt ist. Berichte über die Entdeckung der ersten Fossilfunde lesen sich wie Krimis – und die anschließende Reise der Fossilfunde nach Europa führt sogar zu einem Wettstreit der Nationen, wenn englische und französische Forscher sich darüber die Köpfe zermartern und als Erste das Geheimnis um das Tier lüften wollen.

Die Geschichte beginnt Anfang 1787, als der Bürgermeister der argentinischen Stadt Luján, Francisco Aparicio, Nachricht

Das Riesenfaultier bei der Mahlzeit.

erhält von einem Fund gigantischer Knochen in einer neun Meter tiefen Schlucht unweit von Buenos Aires. Er wittert eine Sensation und informiert den Dominikaner Manuel de Torres. Der ist zwar kein Wissenschaftler, hat aber einen wachen Verstand und zumindest eine Ahnung von Naturkunde, und so wird er damit beauftragt, das Skelett zu bergen. Torres bittet den Stadtrat von Buenos Aires, Manuel Warnes, den Vizekönig zu benachrichtigen. Warnes ist von der Brisanz des Knochenfunds eines »korpulenten« Tieres, wie er es nennt, überzeugt, vermag dieser doch womöglich vorherige Thesen zu widerlegen, nach denen es sich bei ähnlichen Funden in der Gegend um Knochen der menschlichen Gattung handelte. Er schildert dies mit Nachdruck in einem Brief an den Vizekönig.

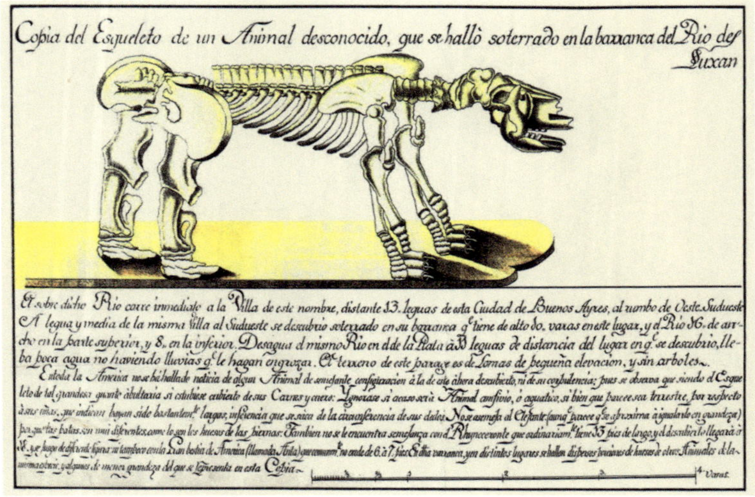

Rätselraten: Könnte das Megatherium so ausgesehen haben?

Nicolás del Campo, Marquis von Loreto, der Vizekönig von Buenos Aires, lässt die Knochen an das Königliche Naturkundemuseum in Madrid schicken. Aus den Korrespondenzen zwischen Torres, Aparicio und del Campo geht hervor, dass es dem Vizekönig besonders daran liegt, diese mysteriöse Entdeckung für seine Zwecke fruchtbar zu machen: Zum einen ist sie ganz im Geiste der Bourbonischen Reformen und der Wissenschaftspolitik des spanischen Kolonialreichs, und zum anderen kann dank ihr der Anfrage des Königlichen Naturkundemuseums in Madrid entsprochen werden, archäologische Funde aus der Neuen Welt nach Europa zu schicken, die der jungen, erst zehn Jahre zuvor gegründeten Institution helfen sollen, sich zu etablieren. Auf diese Weise kann sich natürlich auch Loreto selbst verdient machen.

Am 29. April 1787 verkündet Torres den Abschluss der Ausgrabung. Zwar liegt damit das komplette Skelett vor, aber nun steht man vor der Herausforderung, die Knochen ohne Vorbild korrekt zusammenzusetzen. Zunächst jedoch muss ein Zeichner den Fund festhalten, um dieses »wunderbare und beglückende Werk Gottes« auch dann der Öffentlichkeit präsentieren zu können, falls bei dem Transport nach Spanien etwas verloren gehen sollte. Diese Aufgabe übernimmt der offizielle königliche Kartograf José Custodio Sáa y Faria während des Zwischenstopps der Fundstücke in Buenos Aires von Juli 1787 bis März 1788. Es ist nicht bekannt, ob er der Erste ist, der die Knochen zeichnet, oder ob er sich zum Beispiel an Skizzen von Torres orientiert, aber seine Zeichnungen kommen zusammen mit den Knochen nach Madrid.

Ebenfalls unklar ist, ob die Bilder eine tatsächliche Rekonstruktion des Skeletts darstellen. Sollte Sáa y Faria sie sich nur ausgedacht haben, wäre das umso kurioser, denn egal wie fantasiert die Zeichnungen waren, beeinflussten sie doch die Zusammensetzung der Knochen wenige Monate später im Königlichen Kabinett in Madrid. Das Unterfangen glich, damals nicht untypisch für Fossilrekonstruktionen, einem komplexen Puzzlespiel. Da solche Rekonstruktionen bis heute korrigiert werden, entspannt die Vergangenheit ihre Flügel – wie in Paul Klees *Angelus Novus* – zu einem Möglichkeitsraum. Im Falle des Megatheriums wurde die indirekte Begegnung mit dem Wesen qua Imagination aber zur besonderen Herausforderung. So ein ungeheuerliches Wesen schien schlichtweg zu gewaltig, zu groß, um es sich vorzustellen. Sáa y Farias Zeichnung war jedenfalls eher eine kreative Leistung als Abbild einer Reproduktion, poetisch und nicht mimetisch. Was für einem Tier hatten diese Knochen gehört? Es dauerte ein paar Jahre, bis das Rätsel gelöst wurde; das Puzzle bestand aus achtzehn Wirbeln, manche von ihnen dreieinhalb Meter lang, und einem Schädel mit siebzig Zentimetern Umfang – das ließ auf eine Kreatur schließen, die ungefähr viereinhalb Meter groß gewesen sein musste, die Beine nicht mitgerechnet. Das Kreuzbein wog einhundertfünfundsiebzig Kilogramm, und der Schädel hatte eine ungewöhnlich lange Form; in den Kieferknochen fanden sich spitze Backenzähne. Zusammen mit den kurzen, robusten Beinen, an deren Ende etwas Klauenähnliches hing, hatte man kurioserweise einen Fleischfresser mit den Krallen eines Pflanzenfressers vor sich, oder ein katzenähnliches Tier in der Größe eines Dickhäuters. Zunächst schlussfolgerte man, dass es sich um eine Chimäre handeln musste, eine Kreatur, die mehrere Teile anderer Tiere kombinierte. Diese Annahme inspirierte auch die Beschriftung von Sáa y Farias Zeichnung: »In ganz Südamerika ist kein Tier bekannt, das in der Form diesem hier ähneln würde; angesichts der Größe des Skeletts muss das Tier ja umso mächtiger gewesen sein, als es noch mit Fleisch bedeckt war. Es ist nicht bekannt, ob es sich um ein Amphibium oder ein Wassertier handelt, es muss jedoch eher terrestrisch gewesen sein, da es sehr lange Krallen und lange Zehen hatte.«

Ab September 1788 wurde Juan Bautista Bru, der Illustrator und Präparator des Museums, mit der Zusammensetzung des Skeletts beauftragt. Innerhalb der nächsten Jahre entstanden zweiundzwanzig Zeichnungen, welche die Grundlage für fünf detaillierte große Tafeln des Kupferstechers Manuel Navarro bildeten. Diese fanden 1796 Eingang in die Publikation von Brus Kollegen Joseph Garriga mit dem konzisen Titel *Beschreibungen des Skeletts eines sehr massigen und seltenen Vierbeiners, das im Königlichen Naturhistorischen Kabinett in Madrid aufbewahrt wird* (*Descriptions of the skeleton of a very bulky and rare quadruped, which is kept in the Royal Cabinet of Natural History in Madrid*). Weitere Fossilfunde dieser Art folgten 1795 in Peru und Paraguay und gingen ebenfalls nach Madrid; aber in der Frage, mit was für einem Tier man es zu tun hatte, war man keinen Schritt weiter.

Das Rätselraten ging in die nächste Runde, und ganz Europa beteiligte sich daran. Ein Wettstreit der Nationen begann, der zu teils unerwarteten Kooperationen führte. Eduard D'Alton und Christian Heinrich Pander kehrten von einem Besuch in der spanischen Fossiliensammlung mit neuen Spekulationen zurück, die sie 1821 in ihrer *Vergleichenden Osteologie* präsentierten, in einem eigens dem *Riesen-Faulthier* gewidmeten Band:

> *Nach der Lebensweise des Riesen-faulthiers, die wir aus seinem Knochenbau erkannt zu haben glauben, könnte man dieses Thier einen colossalen Maulwurf nennen, der nur mit Anstrengung seiner Kräfte die nöthige Nahrung unter der Erde aufzubringen vermöchte. Nehmen wir nun nach einer solchen Erkenntniss an, dass dieses Thier durch die auf der Erde statt gehabten Revolutionen genöthiget wurde, zu Tage zu leben (indem etwa der unter Wasser gesetzte Boden, den unterirdischen Aufenthalt nicht mehr erlaubte)*

> *so wäre bei der verschiedenen Nahrung, die es ohne Aufwand von Kräften im Ueberflusse vorfand, aus Mangel der Thätigkeit, endlich seine Lebensregsamkeit erstorben, und die Glieder, die (wie noch jetzt) anfangs getrennt waren, hätten sich verwachsen und immer mehr verkleinert; so dass endlich aus einem Unvermögen, sich den äussern veränderten Verhältnissen gleichzustellen, diese Missgestalten sich gebildet haben, die wie Buffon sagte, kaum das Vermögen des Daseyns besitzen. Eben diess Zurücktreten und Vereinigen der Theile die getrennt sind, wie die erwähnten Missverhältnisse, die sich erst in der Folge des Wachsthums erzeugen, deuten auf eine Umbildung der Gestalt.*

Kurz nach der Veröffentlichung von D'Alton und Pander kam dann auch Preußen in Besitz eines eigenen Oberschenkelknochens, der 1823 im Flussbett des Queguay in Uruguay gefunden wurde und ans Naturhistorische Museum in Berlin ging, wo man ihn noch heute besichtigen kann. Weitere Funde folgten 1824 in den US-Bundesstaaten New York und Georgia sowie 1831 in der Nähe von Buenos Aires. Nun wusste man also, dass das Megatherium zwischen dem Empire State und dem nördlichen Patagonien gelebt hatte, und zwar in den Gegenden, in denen es Bäume mit Blättern zum Fressen fand. Auch wenn – oder gerade weil – das Riesenfaultier nur auf dem amerikanischen Kontinent verbreitet gewesen war, wurde es in den folgenden Jahren zur transatlantischen Faszination.

Als Nächstes nahm man sich in Großbritannien des Megatheriums an. Dort wurde das Urfaultier im 19. Jahrhundert vor allem wegen der Fossil- und Skelettteile zum Kuriosum, die Charles Darwin 1834 an der Küste der Bahía Blanca, ungefähr

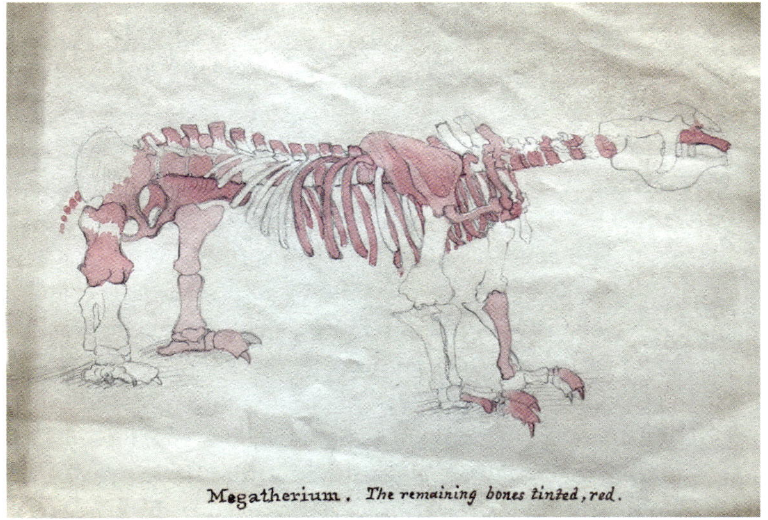

»Nicht nur riesig, sondern gewaltig« – ein britischer Diplomat über das Megatherium.

zweihundertfünfzig Meilen südlich vom Rio Plata, gefunden und nach England geschickt hatte. In einem Brief an seine Schwester Caroline, geschrieben zwischen dem 24. Oktober und dem 24. November 1832, bezeichnete Darwin es als »vorsintflutlich«. Der Ausdruck ›Megatherium‹ wurde im viktorianischen England als Beleidigung verwendet, wie die Wiedergabe eines Streits in der satirischen Zeitschrift *Punch* verdeutlicht: »Mr. D'Iffanger would simply reply that Mr. Taylor was a great ignorant Megatherium.« Auch das dazugehörige Adjektiv *megatherian* fand Eingang in den Sprachgebrauch, allerdings mit der weniger abfälligen Bedeutung ›gigantisch‹, ›riesig‹.

Viele der Funde aus der argentinischen Pampa kamen dank der Bestrebungen des britischen Konsuls in Buenos Aires, Woodbine Parish, nach London, als er 1832 dem College of Surgeons ein unvollständiges Skelett schenkte. In der drei Jahre später verfassten Beschreibung dieser Knochen sehen wir, wie der Autor William Clift sich während des Schreibens korrigiert: Das Skelett ist nicht nur »riesig« (*enormous*), sondern »gewaltig« (*stupendous*). Somit wurde auch sprachlich der Ungeheuerlichkeit dieser Entdeckung Geltung getragen: Riesige Säuger mögen schon bekannt gewesen sein, doch hier hatte man es mit einem Tier einer anderen Dimension zu tun.

Ein vollständigeres Skelett folgte 1841 und wurde von dem Naturforscher Richard Owen als Mylodon, eine andere Gattung des Bodenfaultiers, identifiziert. Owen, der um 1840 auch den Begriff ›dinosaur‹ geprägt hat, war einer der meistgefeierten Wissenschaftler der ersten Hälfte des 19. Jahrhunderts, bis er sich nach einem Zerwürfnis gegen Darwin stellte. Als Owen 1892 starb, trat er nur noch als eine Art Prügelknabe der darwinistischen Revolution in Erscheinung, seine Leistungen waren so gut wie vergessen. Nicht so aber in Nicolaas Rupkes Biografie von 1994, *Richard Owen: Victorian Naturalist*. Darin findet sich nicht nur eine Karikatur von Owen auf einem Urfaultierskelett, sondern auch eine ausführliche Beschreibung dessen, was Owen zum Wissen über das Riesenfaultier beigetragen hat.

Fossilien von Säugetieren zählten zu Owens Forschungsschwerpunkten, insbesondere die untypischen Fossilienfunde von Faultieren in Nord- und Südamerika. Owen begann seine Arbeit daran im Jahr 1836, als er beauftragt wurde, die von

Richard Owen geht seinem liebsten Hobby nach (auf Englisch ein Wortspiel: »to ride one's hobby horse«).

Darwin nach England gebrachten Fossilien zu beschreiben. So wurde Owen Mitbegründer des Megatheriumhypes, dessen Ziel eine genaue Einordnung von Taxonomie und Fressverhalten des Riesenfaultiers war. Naturforscher wie Cuvier und Buckland hatten vermutet, dass der Schutzpanzer, den man in der Nähe der anderen Knochen gefunden hatte, ein Anzeichen dafür sei, dass das Megatherium von einem mosaikartigen Kürass umgeben gewesen war. Der britische Konsul Parish bemerkte jedoch klug, man habe bei den Ausgrabungen ebenfalls trommelartige Schalen gefunden, wie sie von den heutigen Gürteltieren getragen werden, was vielmehr darauf hindeute, dass es sich um Funde von zwei verschiedenen Tieren handelte. Parish bat Owen um einen Beitrag zu seinem Reisebericht *Buenos Ayres* (1838), und Owen erkannte auf Basis der Zahnfunde, dass sie in der Tat die Überreste eines Glyptodons vor sich hatten, ein riesiges Gürteltier.

Owens Nachforschungen erschienen gebündelt in den *Transactions of the Royal Society* und in den zwei Einzeldarstellungen »The Description of the Skeleton of an Extinct Gigantic Sloth« (1842) und »Memoir on the Megatherium« (1861). Beide entsprangen der funktionalen Paläontologie oder komparativen Anatomie, wie der französische Naturforscher Georges Cuvier und William Buckland sie geprägt hatten. Das bedeutete, dass aus detaillierten Beschreibungen der Form Schlüsse über die Funktion gezogen wurden, anhand derer man die Fressgewohnheiten des Tiers und sein Habitat abzuleiten versuchte. Cuvier war davon ausgegangen, dass sich das Urfaultier vegetarisch ernährt und seine großen Klauen dazu genutzt hatte, Wurzeln auszugraben.

Parallel zu diesen Entwicklungen auf der Insel entstand eine französisch-spanische Kooperation in der Causa Megatherium. Es ist Cuvier zu verdanken, dass das mysteriöse Tier 1795 endlich identifiziert und rehabilitiert werden konnte: nicht als Chimäre oder anderes Fabelwesen, sondern als riesiges am Boden lebendes Faultier in der Größe eines Nilpferdes oder Nashorns. Cuvier sah außerdem eine Verbindung zwischen diesen Urfaultieren und den heute lebenden Faultieren und war der Ansicht, dass Letztere von einer Art übernatürlichen Kraft vom Aussterben bewahrt wurden, da sie nach keinem zoologischen Prinzip hätten überleben dürfen. Die Tatsache, dass ihre ganze Anatomie jeglicher Logik entbehrte, sprach laut Cuvier dafür, dass sie die letzten Überlebenden einer vor langer Zeit ausgestorbenen Ordnung der Natur waren, deren Spuren es aufzusuchen galt.

Der Brite William Buckland präsentierte eine andere Lesart der Funde als Cuvier und machte aus dem unbeholfenen, plumpen Giganten ein Beispiel vollkommener göttlicher Planung. Im Jahr 1832 stellte Buckland das Megatherium in den Fokus seines Vortrags bei der Eröffnungsversammlung der British Association, deren Vorsitz er innehatte, um die Gedanken später in seinem Werk *Geology and Mineralogy* weiter auszuführen. Dort hieß es: »Ich wähle das Megatherium, weil es ein Beispiel für die außergewöhnlichsten Abweichungen und offensichtlich ungeheuerliche Monstrosität ist.« Der Behemoth aus der Pampa sei kein grotesker Gigant gewesen, sondern Gottes Schöpfung, »von [der] jeder Knochen Besonderheiten präsentiert, die zwar auf den ersten Blick unvollkommen wirken, aber verständlich werden, wenn man sie in Beziehung zueinander setzt und im Hinblick auf die Funktionen, die sie für das Tier erfüllen, begreift«. Die erst 1831 gegründete British Association war eine geeignete Plattform gewesen, um die in Oxbridge praktizierte Naturtheologie zu etablieren. Nach einer Lobrede auf seinen kurz vorher verstorbenen Wissenschaftlerkollegen Cuvier sprach Buckland in seinem Vortrag davon, dass Cuviers Arbeit einen expliziten Beweis für Gottes Werk darstelle, auch in Bezug auf das Megatherium.

> [Cuvier] *hat gezeigt, dass der Skelettbau und der Bewegungsapparat jeden Tiers eine Einheitlichkeit in der Gestaltung und eine Einfachheit im Zweck darstellen, die uns beweisen, dass jedes Individuum, nicht nur der existierenden Spezies, sondern auch der um so viel kurioseren Arten, die vor langer Zeit gelebt haben und ausgestorben sind, von denen wir aber aufgrund unserer geologischen Entdeckungen wissen, von derselben allmächtigen Hand geformt und ausgestattet wurde.*

Indem also ein Brite einem Franzosen huldigte, kam es zu einer Annäherung der Nationen – das Urfaultier wurde zum Brückenbauer.

Richard Owens Forschung orientierte sich stärker an Buckland. Er verteidigte in seiner Arbeit jedoch ebenfalls Cuviers Position und grenzte sich von weiterhin existierenden Spekulationen über die Verhaltensweisen des Tiers (vielleicht war es ja doch mit dem Gürteltier verwandt? War es womöglich ein Fleischfresser?) vehement ab. Bei der Untersuchung der Zähne aus der Sammlung Darwins stieß Owen vielmehr auf große Ähnlichkeiten mit den neuzeitlichen Faultieren und beobachtete außerdem, dass das Mylodon aller Wahrscheinlichkeit nach

Ein Megatheriumskelett im Londoner Hunter-Museum.

Sonderedition einer argentinischen Briefmarke von 2001.

seinen Schwanz als drittes Bein benutzt hat. Die so gewonnene Standfestigkeit habe es ihm ermöglicht, Blätter von Bäumen zu reißen oder Bäume sogar umzustoßen. Eine Überlegung, die Buckland aufnahm, als er – wohl eher zum Spaß – bemerkte, dass die Riesenfaultiere sich durch so ein Fressverhalten der Gefahr aussetzten, von einem herunterfallenden Baum »eins auf den Deckel« zu kriegen. Doch wer zuletzt lacht, lacht am besten: 1841 entdeckte man das Skelett eines Mylodons, dessen Schädel tatsächlich zwei große Frakturen aufwies. Als Reaktion darauf wurde das Tier in den Gärten des Crystal Palace und in Museen auf seinen Hinterbeinen stehend gegen einen Baum gelehnt präsentiert – so auch noch heute zum Beispiel im Natural History Museum in London. Owens zwei Abhandlungen über diese Kreatur und ihr Schicksal fesselten die Leser:innen im viktorianischen England. Die These, dass das Mylodon versehentlich Bäume umstieß, die ihm dann auf den Kopf fielen, entwarf das Bild von einem Geschöpf, dem die Sünde seiner Dummheit zum Verhängnis geworden war. Mit seiner majestätischen Größe und Stärke hätte es einen außerordentlichen Platz im Tierreich einnehmen können, aber ihm fehlten der Wille und die Entschlossenheit, die nur einem Tier, dem Menschen, die Herrschaft über sämtliche lebenden Organismen zuteilwerden ließen.

Owens Beitrag zur Erforschung des Megatheriums kulminierte 1853 in der Errichtung eines Megatheriummodells in den geologischen Gärten auf dem ehemaligen Gelände des Crystal Palace. Als wohl bekannteste Tierikone des frühen 19. Jahrhunderts wurde es in jeder neu veröffentlichten Enzyklopädie aufgeführt und war oft in den Eingangshallen von Naturkundemuseen zu sehen, so auch im Hunter-Museum, dessen Konservator Owen war. Die dortige Ausstellung der Monster-Modelle wurde zum Vorbild dafür, wie ein modernes Museum auszusehen hatte. Owen-Biograf und Wissenschaftshistoriker Nicolaas Rupke geht sogar so weit zu sagen, dass die Modelle für das Hunter-Museum dieselbe Bedeutung hatten wie die Schätze aus Mesopotamien für das British Museum.

Als sein Konservator ist es Owen zu verdanken, dass das Hunter-Museum einen Schwerpunkt auf Säugetierskelette legte, wie in der Illustration aus *London Interiors* zu sehen ist, einem Katalog für Innenarchitektur. Das Megatheriumskelett kostete damals, genauso wie das Elefantenskelett, 200 Pfund. Owen war sich des ikonischen Wertes seiner Cuvier'schen Rekonstruktionen durchaus bewusst und rühmte sich ihrer 1882 im *Edinburgh Review* in einem bizarren Artikel, den er anonym und in der dritten Person verfasst hatte. Eigentlich sollte der Beitrag die Eröffnung des Natural History Museums im Jahr 1881 thematisieren, aber Owens Fokus lag auf dem Megatherium und den Gürteltieren, was zeigte, wie zentral diese Tiere als Museumsobjekte waren. Owen betonte stolz, dass sein Museum ein noch perfekteres Skelett besitze als das Naturkundemuseum in Madrid; sich selbst bezeichnete er als »Autorität, der die Öffentlichkeit diese Schatzkammer nationaler naturhistorischer Reichtümer zu verdanken habe«. Ab 1845 erfreute sich auch das British Museum eines imposanten, wenn auch unvollständigen Megatheriumskelettes. Das steht heute im Natural History Museum in London, wo es auch in weniger angsteinflößender Variante als Kuscheltier im Museumsshop erhältlich ist.

Auf Stelzen über Federbetten

Auch wenn weitere Funde im Verlauf des 19. Jahrhunderts das Tier ein wenig verständlicher machten, so blieben doch viele seiner Eigenschaften und Ursprünge ungeklärt: Handelte es sich bei den Megatheria um gefährliche Raubtiere, die mit speziellen, waffenähnlichen Knochenstrukturen ausgestattet waren? Es wurde sogar spekuliert, ob das Urfaultier so etwas wie Leidenschaft empfunden haben könnte. In einem verstörenden Beispiel von Anthropomorphismus lesen wir 1898 in *Das Liebesleben der Natur*, dem Prototyp des modernen Sachbuches vom Lebensreformer, Schriftsteller und Popularisierer Wilhelm Bölsche:

> *Da sind zwei Megatherien,* [...] *Ungeheuer, deren Hinterschenkel fast dreimal so dick waren als die des Mammut und deren Arme bei sitzender Haltung starke Waldbäume umreißen konnten. Langsam in ihren Bewegungen, wie sie sicherlich waren, mag ihre Liebe äußerlich ohne jede Leidenschaft gewesen sein. Aber über die weite Grasebene, in deren Löchern sich vorsichtig schon der Urmensch barg, wird wie ein drohender Orkanstoß ihr ›Ai‹, der Liebesruf der heutigen Faultiere, gebraust sein, wenn die Geschlechter sich von Gehölz zu Gehölz durch die Nachtstille lockten.*

So also malte man sich Megatheriumsex aus ...

Mit Blick auf ihre unbeholfenen Nachfahren, die im Englischen nach der Todsünde *sloth* benannt wurden, stellte sich auch in England die Frage nach dem gewissermaßen kreativen Potenzial der Natur. Die Faszination der Viktorianer:innen für das Faultier war aber ambivalent: Sie rührte sowohl von der Abschreckungswirkung seiner Faulheit als auch von dem Mitleid, das seine Unbeholfenheit und die kläglichen Schreie hervorriefen, die der Naturforscher Charles Waterton 1825 in seinen *Wanderings in South America* beschrieb. Im Vergleich zu anderen Tieren sah Waterton nur »Mangel, Deformität und Überschuss in seiner Gestaltung«. Er zieht eine Parallele zu Eulen, die einen von Kot verdreckten Schlafplatz haben und »dem Sünder gleich« durch ihr »unehrenwertes Verhalten« all jene in Verruf bringen, die mit ihnen hausen. Im Gegensatz zur Eule hat das Faultier jedoch keine Eigenschaften, die seinen Mangel an Sauberkeit ausgleichen könnten.

Mehrere Schriftsteller:innen erinnerten ihre Leser:innen daran, die Devolution des Faultiers versinnbildliche, dass Stärke und Macht nur temporär seien – die Aufrechterhaltung von Tugenden bedürfe deshalb konstanter Arbeit, damit sie sich nicht in ihr Gegenteil verkehren. So wurde das Faultier zur Parabel puritanischer Moralität. Charles Kingsley, ein enger Freund Darwins, sah hierfür die Natur als beste Lehrerin. Nach Kingsleys Lehre, die Theologie und Evolutionstheorie verband, würden Faulheit, Feigheit und Egoismus von der Natur nicht etwa deshalb bestraft, weil sie das eigene Überleben gefährdeten, sondern weil sie die protestantischen Werte verletzten. Das Megatherium verkörperte die Unmöglichkeit des Fortschritts auf der Grundlage allein natürlicher Entwicklungen, ohne den Einsatz von moralischer Reflexion und Handeln.

So hatte das Riesenfaultier tatsächlich einen moralisch bri-

In diesem um 1920 entstandenen Riesenfaultierportrait wirkt der Gigant zwar imposant, aber auch einsam.

santen Status in der viktorianischen Kultur und Literatur. Es gehörte zu einer Gruppe erst vor verhältnismäßig kurzer Zeit ausgestorbener Säuger; es war größer als andere damals bekannte riesige Tiere wie das Nashorn, der Elefant oder das Nilpferd; seine Knochen waren massiv und brachten manche dazu, es den Primaten zuzurechnen (man erinnere sich an den im vorherigen Kapitel zitierten Brief des Stadtrats von Buenos Aires). Trotz der detaillierten Analysen Richard Owens blieben die verschiedenen Spekulationen über die Verhaltensmuster der Riesenfaultiere noch eine Weile bestehen. Für den romantischen Dichter John Keats handelte es sich bei diesen mysteriösen Biestern um Jäger, wie er in seinem 1818 publizierten epischen Gedicht *Endymion* festhält: »Freude besucht uns oft; doch Schmerz rumort, / Klebt grausam an uns, wie das Faultier nagt / Am zarten Hirschlauf – spät, nur schwer verjagt / Ihn Freude, erst zurück nach langer Zeit.«

Laien wunderten sich vor allem über den Kontrast zu dem zeitgenössischen, ihnen bekannten südamerikanischen Faultier: Wie kam es, dass ein gefährliches Monster sich zu einer unbeholfenen, in Bäumen hängenden Kreatur entwickelt hatte? Der britische Journalist und Essayist Basil de Selincourt zog daraus die Lehre, dass das Überleben einer Spezies von einem ausgewogenen Verhältnis zwischen Gehirn- und Körpermasse abhänge. Große Kraft führe ohne klaren Fokus früher oder später dazu, dass ein Geschöpf sich selbst zugrunde richte.

Das zeitgenössische Faultier und das Riesenfaultier wurden in drei populären Abenteuer- bzw. Reiseromanen aus dem 19. Jahrhundert auf ganz unterschiedliche Weise verewigt, aber immer zeigt sich die Spannung zwischen Faszination und moralischer Gefahr, die von dem Tier ausging: so in Charles Watertons *Wanderings in South America* (1825), Charles Kingsleys *Alton Locke* (1850) und Gordon Stables' *In Quest of the Giant Sloth* (1902), das 1937 neu aufgelegt wurde als *The Strange Quest. A Tale of Adventure in South America.* Waterton war ein Naturforscher und Abenteurer, der unter anderem Zeit in Britisch-Guyana, wo sein Onkel Ländereien besaß, und in Brasilien verbracht hatte. Er war auf eigene Faust und zum Teil sogar barfuß unterwegs, was seinen Abenteuerromanen, die auf diesen Erlebnissen basierten, ein hohes Maß an Unmittelbarkeit und Authentizität verlieh – von manchen Zeitgenossen aber auch skeptisch aufgenommen wurde, als hätte man es mit einer Art Münchhausen zu tun. Dem oder der Rezensent:in im *London Magazine* zufolge stelle man allerdings bereits nach wenigen Seiten fest, dass man es nicht mit einem Lügenbaron zu tun habe und in guten Händen sei. Watertons Verdienst bestehe vor allem darin, dass er Lebewesen wie dem Specht, dem Chupacabra (einem lateinamerikanischen Fabelwesen, dessen Name so viel wie ›Ziegensauger‹ bedeutet), dem Aasgeier und eben auch dem Faultier einen respektablen Platz in seinen Beschreibungen gebe. Die Rezension stürzt sich sodann auch sofort auf Watertons Darstellung und Rehabilitierung des Faultiers – die zunächst aber alles andere als positiv klingt und die herrschende Meinung über das Faultier widerspiegelt. Seine Bewegungen und Schreie seien mitleiderregend, heißt es da wieder, und im Vergleich mit anderen Tieren sehe man nichts als Unzulänglichkeit und Missbildung. Das Tier habe keine Schneidezähne und zwar vier Mägen, aber keinen langen Darm wie die Wiederkäuer. Weitere vernichtende Urteile werden unter anderem über seinen Anus, seine Füße, seine Unfähigkeit, die Zehen einzeln zu bewegen, sein Fell und seine kurzen Beine gefällt – es ist grausam zu lesen. Das Fazit lautet: »Müsste man auf einer Skala den Anspruch auf Überlegenheit unter den Vierbeinern festmachen, würde diese armselige unförmige Kreatur den allerletzten Platz darauf einnehmen.«

An späterer Stelle des Romans erfolgt eine achtseitige Richtigstellung – in voller Länge im *London Magazine* zitiert –, in der Waterton betont, dass die Geschichte des Faultiers geschrieben werden müsse, während es in einem Baum sitze, und nicht, während es sich am Erdboden voranquäle – in den Bäumen nämlich sei es in seinem Element. Vorherige Interpretationen seien also fehlerhaft, weil sie das Tier an Orten, an denen die Natur es nie vorgesehen habe, analysierten. Waterton beschreibt, wie er ein Faultier mehrere Monate in seinem Zimmer gehalten habe, um es genau zu beobachten. Auf gemeinsamen Spaziergängen habe er es auf dem Boden abgesetzt und festgestellt, dass es auf unebenem Grund sofort damit beginne, sich mit den Vorderbeinen voranzuziehen und den nächstgelegenen Baum anzupeilen. Auf glattem Grund sei es nicht zurechtgekommen – genauso wie Menschen versagen würden, wenn sie »eine Meile auf Stelzen über Federbetten laufen müssten«. Der beliebteste Aufenthaltsort des Faultiers in seinem Zimmer sei die Stuhllehne gewesen, wo es alle seine Beine an die oberste Querstrebe geklammert und sich dort habe baumeln lassen. Waterton ist es wichtig, ein paar Dinge klarzustellen: So hänge das Faultier zum Beispiel nicht wie ein Vampir kopfüber von Bäumen (die Nähe zum Blutsauger war einer der skurrilen Mythen, die das Tier umgaben). Auch müsse man damit aufhören, ihm ein qualvolles Leben zuzuschreiben, und stattdessen davon ausgehen, dass es das Leben genauso genieße wie jedes andere Tier. Seine eigenartigen Verhaltensweisen seien nur weitere Beweise dafür, wie bewundernswert das Werk des Allmächtigen sei.

Bereits fünfundzwanzig Jahre später, zu Beginn der für ihren Arbeitsethos bekannten hochviktorianischen Zeit, musste das Faultier jedoch wieder als mahnende Warnung herhalten. In seinem dem Chartismus verpflichteten Roman *Alton Locke, Tailor and Poet* von 1850 berief sich der bereits genannte Schriftsteller Charles Kingsley auf Richard Owens Schilderungen des Megatheriums und des Mylodons. Kingsley war ang-

Das Faultier in einer ungewohnten Position, doch scheinbar mächtig und ruhend. Die Menschen haben allzu oft versucht, es zu ihren Gunsten zu definieren und aus ihm schlau zu werden.

likanischer Kleriker, Amateurwissenschaftler und lautstarker Verfechter der Evolutionstheorie – allein diese kurze Aufzählung zeigt, dass er scheinbar unvereinbare Positionen in sich zu vereinen wusste. Er sah im Megatherium die Chance, moralische Fragen zusammen mit dem sehr kontroversen Thema einer progressiven organischen Evolution zu diskutieren. Wie viele Anhänger der Kreationstheorie war auch Kingsley darauf erpicht, eine Verbindung zwischen den historischen Fossilien und den zeitgenössischen Faultieren herzustellen. Dass das Faultier im Englischen die Todsünde der Trägheit im Namen trug, machte es umso einfacher, es als eine von der göttlichen Vorsehung geschaffene Warnung zu verstehen.

In Kingsleys *Alton Locke* nun gibt es eine Traumsequenz, in der das Faultier eine entscheidende Rolle spielt und die von Werken wie Darwins *Voyage of the Beagle* (1839) und William Chambers zu der Zeit populärem *Vestiges of the Natural History of Creation* (1844) inspiriert wurde. Der Protagonist Alton Locke, ein der Arbeiterklasse angehörender Dichter, sucht nach einem (moralischen) Kompass und kann seinen Wunsch, politisch aktiv zu werden, nicht mit seiner Liebe für eine Aristokratin und dem Bestreben, eine den Traditionen der Romantik entkommende ›wahre‹ Poesie zu schreiben, vereinbaren. In dem Traum durchläuft der Protagonist mehrere Verwandlungen, nimmt die Gestalten verschiedener Tiere an, nur um darin jedes Mal zu sterben. Schließlich wird er erst zum Kind und dann zum Erwachsenen, um am Ende bei einer symbolischen Begegnung mit dem Christentum eine Erleuchtung zu erfahren. In einer Sequenz des Traums verfällt Locke als Riesenfaultier der Versuchung blinder Gewalt und Zerstörungswut:

> *Ich begann Freude daran zu finden, Bäume ohne Grund niederzureißen.* […] *Mein Weg durch den Wald war flankiert von*

umgeknickten Baumstämmen, Stümpfen und verwelkten Zweigen, als hätte dort ein Tornado gewütet. Wäre ich um ein paar Quäntchen menschlicher gewesen, hätte ich sicherlich mit einer Strafe für meine Sünden gerechnet. Ich hatte mir meinen Schädel schon drei- oder viermal gebrochen. Ich ging oft an Kadavern von getöteten Vertretern meiner Art vorbei, die von Bäumen, die sie selbst umgeworfen hatten, erschlagen dort lagen, so, wie sie heute oft von Geologen gefunden werden; ich ging einfach weiter, wurde immer rücksichtsloser, wie so viele sogenannte Menschen ein Sklave der schieren Gewalt, die von mir ausging.

Stärke ist für Kingsley nur in Verbindung mit christlicher Gesinnung und Männlichkeit eine erstrebenswerte Tugend, ansonsten sieht er in ihr eine leere Eigenschaft, die den Menschen zu ihrem Sklaven macht. In dem Traum wird Alton als Riesenfaultier von einem herabfallenden Baum getötet, den der Wind – wie als Strafe? – in seine Richtung stößt. Leben und Tod scheinen sich in dieser prähistorischen Welt nach dem Zufallsprinzip zu ereignen und haben keine verständliche Bedeutung; es bleibt allein die Hoffnung, dass am Ende das Gute die Oberhand gewinnen wird. In Kingsleys Denken ist die Zukunft nämlich ein besonderer Zustand der Erhabenheit, der all jenen verschlossen bleibt, die müßig, träge und mit mangelnder Selbsterkenntnis durchs Leben gehen. Das Riesenfaultier, dessen Zukunft von seinem Aussterben verhindert wurde, ist in Kingsleys Logik – da es plump und lediglich stark ist und sonst nichts kann – ein Beweis dafür, dass zusätzlich zur Evolution eine höhere Macht am Werk ist, die unmoralisches Verhalten bestraft. Und wenn die modernen Faultiere tatsächlich

Buchcover von Stables' Jugendroman, das ein stehendes Riesenfaultier zeigt.

von den Megatheria abstammen und im Laufe der Zeit noch langsamer, noch weniger aufmerksam und – in einer Art abschließender Beleidigung – komplett nutzlos geworden sein sollten, so scheint die göttliche Weisheit dieser unschuldigen Kreatur einen Streich zu spielen. Das Schreckensszenario einer solchen Devolution war von Viktorianer:innen der Mittelschicht besonders gefürchtet, weil die Angst herrschte, dass die industrielle Kultur, die den Alltag so dominierte, eine mindergebildete, unkultivierte und ungläubige Bevölkerung hervorbringen würde. Das Megatherium sollte als mitleiderregende und zugleich moralisch abschreckende Kreatur beweisen, dass die vorsintflutliche Welt ein langsamer und träger Ort gewesen war, an dem es keine Rechtschaffenheit gegeben hatte.

Das dritte literarische Beispiel stammt aus dem 1902 publizierten Jugendbuch *In Quest of the Giant Sloth* von Gordon Stables. 1937 wurde es wiederaufgelegt, jedoch unter dem Titel *The Strange Quest. A Tale of Adventure in South America.* Dass das Riesenfaultier aus dem Titel gestrichen wurde, deutet darauf hin, dass die Leserschaft das Interesse an dem Thema verloren hatte. In seinem Roman beschreibt Stables die Abenteuer der jungen Helden Dick, Jack, Charlie und Matty, die in Begleitung von Dr. Frank Jolly auf dem Weg in eine abgelegene und geheimnisvolle Region im Nordwesten Patagoniens sind, wo angeblich noch ein Riesenfaultier lebt. Sie möchten mit dem »vorsintflutlichen Monster« in den Straßen von Montevideo oder Buenos Aires spazieren und es anschließend mit nach England bringen.

Das Riesenfaultier wird, wie der Titel es ankündigt, gesucht – aber nicht bezwungen. Das Buch beginnt in den ersten Kapiteln mit Gerüchten und angeblichen Augenzeugenberichten:

Hezekiah, der als »Negro« bezeichnete und höchst stereotypisch dargestellte Butler vom Gutsherrn James Montgomery, entdeckt eines Tages mit Mitgliedern eines Ureinwohnerstammes gigantische Knochen, die sie dem Teufel zuordnen. Dr. Jolly kann die anschließend ausbrechende Panik niederhalten, indem er die Knochen mit dem in Verbindung bringt, was er im British Museum gesehen hat, und erkennt – es sind die Knochen eines Riesenfaultiers. Als Nächstes erzählt der Riese Hwa-hwa den drei Jungen, er habe bis zu sechs riesige Biester im Wald gesehen, die so groß wie sein Zelt seien und furchtbare Krallen gehabt hätten. Die Spannung steigt – bis es dann in dem Kapitel »Alone in the Dead White Forest – Face to Face with the Giant Sloth« zu einem Aufeinandertreffen kommt. Dr. Jolly ist eigentlich auf der Suche nach dem großen Weißen Geist, vor dem die Ureinwohner:innen Südboliviens sich fürchten, und begibt sich in einen dichten, grauen Wald aus riesigen Bäumen am Fuße eines Hügels. Zunächst stößt er auf ein Riesengürteltier, das in einer Fußnote als »eine schwer beschreibbare Kreatur« bezeichnet wird. Kurz darauf kommt, ins Mondlicht getaucht, das Riesenfaultier zum Vorschein:

> *Da erschien auf einmal ein riesiger Schatten am Rande des grünen Waldes, nicht mehr als neunzig Meter von der Stelle, an der er mit Flinte in der Hand stand. Zunächst konnte er kaum seinen eigenen Augen trauen oder begreifen, dass das tatsächlich ein lebendes Tier war, so riesig, so furchtbar sah es aus. Er war jedoch mutig genug, um durch sein Fernglas zu schauen, und da konnte er seine Form deutlich erkennen, seine enormen Beine und seinen großartigen Kopf. Seine Vorderbeine waren wohl ungefähr drei*

Meter lang; der ganze Körper, von der Form vergleichbar mit dem eines Bären, maß bestimmt fünf Meter, und allein der Kopf war mindestens dreimal so groß wie der von einem Elefanten; und als es da stand, öffnete es seinen furchtbaren Schlund von Mund und entblößte dreißig Zentimeter lange Reißzähne. Das Biest gähnte, machte dabei aber komischerweise kein Geräusch. Jetzt richtete es sich auf seinen monströsen Hüften auf und fing an, Blätter und Zweige zu fressen, die es mit seinen Klauen nach unten zog. Schon bald gesellte sich ein zweites Tier zu ihm, dann ein drittes. Frank wusste wohl nicht, was er tat, oder er vergaß für einen Moment die Gefahr, doch er folgte seinem Impuls, legte das Fernglas beiseite und begann sich langsam auf die drei riesigen Schatten zuzubewegen. Er fasste sich ein Herz, denn für die Wissenschaft werden jedes Jahr Leben riskiert, und Frank war sein Leben in diesem Moment egal.

Im Folgenden wird der heroische Mut des Wissenschaftlers beschrieben, der, selbst als er mit drei Riesenfaultieren gleichzeitig konfrontiert ist, nicht sein Gewehr auf sie richtet. Die Riesenfaultiere sind auch gar nicht aggressiv; eines von ihnen macht das Maul auf, um ein Geräusch wie eine Lokomotive auszustoßen, und fährt dann einfach damit fort, Blätter zu kauen. Auf eines dieser Tiere zu zielen wäre »Vandalismus, Frevel«. Um sich zu schützen feuert Frank jedoch einen Schuss in die Luft, woraufhin sich die Riesenfaultiere panisch mit ihren gewaltigen Körpern gegen die Bäume werfen und diese so zum Umfallen bringen (ein wiederkehrendes Phänomen also). Darüber hinaus eilt der gesamte Urwald mit Höllenlärm den Megatheria zu Seite – Jaguare brüllen, Pumas husten heiser, Tapire schreien, Affen kreischen, Papageien krächzen, Adler surren umher.

Als die Kinder die Geschichte hören, fragen sie Dr. Jolly, ob man das riesige Biest so zähmen könne, dass es die Reisegruppe und ihr Gepäck durch die Straßen Montevideos trage. Charlies Schwester Matty stellt sich vor, wie sie in einem roten Seidenkleid, mit einer silbernen Krone und goldenen Schleifen zur »Empress of the Giant Sloth« wird. Doch dann folgt die Moral von der Geschicht':

> *Wenn man dieses Biest aus der Alten Welt in all seiner Stärke und Pracht gesehen hat, wenn man ihm in seinen schrecklichen Rachen blicken konnte – so groß wie der Schornstein eines Pazifik-Dampfers! – und sein Paffen gehört hat, möchte man es gar nicht unbedingt näher kennenlernen. Denn dieses vorsintflutliche Geschöpf ist größer als eine Vorstadtvilla in Montevideo und so unzähmbar wie eine Hyäne.*

Sie schlussfolgern, dass es am besten sei, das Tier einfach in seinem eigenen Eden leben zu lassen und sich damit zufriedenzugeben, dass man es einmal habe sehen dürfen. Einem der Jungen gelingt es am Ende des Romans ebenfalls, einen Blick auf das Tier zu erhaschen – wie in vielen anderen Quellen ist es auch hier wieder der Topos des mitleiderregenden Schreis, der herbeizitiert wird. Der Schrei ist so fürchterlich, dass er noch tagelang in den Ohren des Jungen nachklingt.

So wird die Begegnung mit dem Riesenfaultier zu einer Parabel für mehr Toleranz anderen, vermeintlich ›unnormalen‹ Kreaturen gegenüber und das Buch zu einem Appell dafür, dass der Mensch, nur weil er es kann, sich nicht jeden Flecken des Planeten unterwerfen muss. Auf dem Rücken des Riesenfaultiers äußert Stables also eine implizite Imperialismuskritik

In dieser Darstellung aus dem späten 18. Jahrhundert scheinen die Faultiere selbst nicht so recht zu wissen, ob sie den Baum hinaufklettern oder daran lehnen sollen.

und erhebt den mahnenden Zeigefinger in Richtung derer, die zur Vergrößerung des Britischen Weltreichs vor nichts zurückschrecken.

Parallel zu diesen ganz verschieden gelagerten literarischen Beispielen – von rehabilitierend über moralisierend bis respektvoll – stolpert man in einer Vielzahl von Artikeln aus viktorianischen Zeitschriften über Texte oder Karikaturen, die das Riesenfaultier aufgreifen. So zeigt zum Beispiel eine Karikatur in dem satirischen Magazin *Punch* einen aufmüpfigen Jungen, dem sein vorheriges Schaukelpferd zu langsam war, auf seinem neuen Spielzeug – einem Megatheriumskelett. In der Mitte des 19. Jahrhunderts war das Megatherium also so etwas wie eine Marke geworden: Zwischen 1844 und 1890 kam es regelmäßig in unterhaltsamen Beiträgen in *Punch* vor; in dem Essay »Musings by the Megatherium« durfte es sich beispielsweise über die merkwürdigen Menschen, die dauernd nur arbeiten, und ihre Marotten amüsieren. Es gab einen Megatherium Club in Washington, D. C., angeblich auch in London, und sogar Megatheriumsuppe. Man trifft es in Gedichten über Geologie, als »Buckland's Megatherium«, und in einem Essay, in dem ein rasanter Galopp auf einem Pferd durch die Landschaft beschrieben wird, ist die Pointe, dass der Reiter sich eigentlich nach einem Megatherium sehnt – also metaphorisch zurück in eine Zeit, in der noch nicht alles beschleunigt und gehetzt war.

Das Riesenfaultier wirkt, wenn man seine mannigfaltigen Auftritte betrachtet, in der Mitte des 19. Jahrhunderts geradezu umtriebig. Dabei ist es immer eine Projektionsfläche: zum einen als eine Art Abschreckung, ein Bild dessen, wie man nicht sein möchte – faul, träge und schwerfällig. Doch zum anderen erlebt man auch schon zu dieser Zeit und vor allem in den Jahren um die Jahrhundertwende das Megatherium als Wegweiser, als Hinweis auf ein achtsameres Leben, eines, in dem es in Ordnung ist, anders zu sein als die anderen.

Müßiggang ist aller Laster Anfang

Können Tiere faul sein? Und macht sie das zu schlechten Tieren? Müßiggang ist aller Laster Anfang – wer davon überzeugt ist, mag leicht übersehen, dass das Sprichwort nur für Menschen gilt, nicht für die Tiere, wenn es denn überhaupt stimmt. Und wer besonders moralisch sein will, nimmt es mit diesem Unterschied nicht so genau. Sosehr die Zeit um 1800 in Deutschland eine Zeit der Aufklärung gewesen ist: An dem Gedanken, dass Tiere dazu dienen können, menschliche Selbstverhältnisse zu beschreiben, wird nicht gerüttelt. Zwar treten die Faultiere nicht als kleine Teufelchen auf, die zur Sünde verführen, oder als Nachfahren tumber Grobiane. Aber immer wieder wird die Frage aufgeworfen, ob man sie sich zum guten oder schlechten Vorbild nehmen sollte.

Besonders krass sind die Vergleiche in Johann Lavaters *Physiognomische Fragmente, zur Beförderung der Menschenkenntnis und Menschenliebe* (1776), die zur Liebe der Faultiere sicher nicht beigetragen haben. Lavaters Physiognomik ist der Versuch, von körperlichen Merkmalen Rückschlüsse auf Charakter und Verhalten zu ziehen. Der Vergleich von Mensch und Tier spielt dabei eine besondere Rolle: Kapitel über das Aussehen und die Eigenschaften von Tieren wechseln sich mit jenen über Menschentypen und herausragende Persönlichkeiten ab. Die Faultiere finden sich deshalb nicht nur in Gesellschaft der Bären und Wildschweine wieder, mit denen sie be-

Dieses Faultier schaut so grimmig, wie es das in der Natur nie könnte. Für diese Mimik hat eher ein Affe als Vorlage gedient.

sonders schlechte Charakterzüge teilen. Lavater platziert das Faultierkapitel zwischen Stichen von »sanften, edlen, treuen zärtlichen Charakteren« und dem Fragment über die »Helden der Vorzeit«, römischen Feldherren von Scipio bis Caesar. So dienen die Tiere als Kontrast, um die höheren Möglichkeiten des Menschengeschlechts hervorzuheben.

In Lavaters Wissensordnung besteht damit eine besondere Nähe von Tieren und Menschen, aber auch eine klare Hierarchie. Faultier, Bär und Schwein werden menschliche Eigenschaften zugeschrieben, die vor allem ein Defizit an Bildung und Verfeinerung zeigen. Der Bär hat den »Ausdruck von Wildheit und Grimm«, und suggestiv wird gefragt: »wer sieht nun aber nicht den wildern Charakter im wilden Schweine? den Mangel an Adel?« Besonders ausführlich wird dann das Faultier diskutiert: »Unau, Ai, Faulthier: das traegste, unbehuelflichste elendeste Geschöpfe – von der mangelhaftesten Bildung.« Lavaters Darstellung des Körperbaus ist am Ideal des aufrecht gehenden Tieres, am Ideal des Menschen gemessen. Die Liste der Makel ist lang: »Kein Auftritt unter den Füßen, kein Daumen, keine Zehen, deren jeder für sich beweglich wäre, sondern nur zwo oder drey übermäßig lange niederwärts gebogene Krallen.« Dann folgt ein Gedankenstrich, mit dem aus dem evolutionären Zurückgebliebensein ein defizientes Selbstverhältnis wird: »Ihre Langsamkeit, Dummheit, Achtlosigkeit für sich selbst ist unbeschreiblich.« Die Tirade gipfelt in der Einschätzung, dass sich Faultiere, nachdem sie einen Baum leergefressen hätten, in den Tod stürzten, »weil sie nicht wissen, wie sie wieder herunter kommen wollen«. Unter den Negativbeispielen stechen die Faultiere hervor, da sie nicht nur schlechte Eigenschaften in ihrem Aussehen und Verhalten zeigen; sie können wegen ihrer Achtlosigkeit auch kein Bewusstsein von ihrer Schlechtigkeit entwickeln. Der aufgeklärte Weg einer bewussten Arbeit an sich selbst, einer Besserung ihres Charakters, ist ihnen verschlossen.

Die Faultiere auf der Stufenleiter moralischer Perfektion zu verorten, ist allerdings auch um 1800 nicht der einzige Zugang zu ihnen. Johann Gottfried Herder spricht sich sogar ausdrücklich gegen die Faultierverachtung seiner Zeit aus. In seinen *Ideen zur Philosophie der Geschichte der Menschheit* (1784) wird das Faultier, wenn auch nur in Nebenbemerkungen, als Beispiel für eines jener Tiere herangezogen, die man gerade nicht mit moralischen und ästhetischen Maßstäben messen sollte. In der Passage, in der das Faultier seinen Auftritt hat, geht es darum, den Wahrheitsanspruch biblischer Erzählungen neu zu denken. Es handelt sich für Herder nicht um Texte religiöser Offenbarung, sondern um Geschichten aus der Frühzeit der Menschheit. Deshalb sei es ein Fehler zu fragen, »wo das amerikanische Faultier im Kasten Noah gehangen habe«, denn damit verweigere man sich der Einsicht, dass die Erzählung von der Sintflut auf dem eurasischen Kontinent entstanden sei – kein Wunder also, dass Faultiere darin nicht vorkommen. Wer das Faultier auf der Arche Noah vermisst, spreche dem Sintflut-Mythos und der jüdisch-christlichen Überlieferung eine Geltung zu, die sie nicht hätten. Herder ist das deshalb »ebenso fremde« wie zu fragen, »ob der Sinese von Kain oder Abel« abstamme. Wer die eigene Überlieferung für allein maßgeblich hält, der wolle »jeden Umstand einer Familiengeschichte für die Geschichte der Welt« nehmen. Die Faultiere gehören so zu den Beispielen für Herders aufgeklärte Vorstellung von Wissen; sie lassen erkennen, wie vorurteilsbehaftet unser Blick ist.

In einer anderen Passage macht Herder deutlich, dass man auch die eigenen ästhetischen Erwartungen hinterfragen sollte, wenn sie eine Quelle von Vorurteilen sind. Dazu gehört die Idee, dass die Natur von sich aus schön zu sein hat. Einem Naturforscher solle es egal sein, ob er eine Rose oder eine Distel untersucht; ihm ist »das Stink- und Faultier mit dem Elephanten gleich lieb«. Denn wer im Geiste der Aufklärung Natur und Geschichte erforscht, »untersucht das am meisten, wo er am meisten lernet«. Diese Devise ist von bewundernswerter Unvoreingenommenheit. Sie zeigt, dass Herder nicht einfach davon ausgeht, Tiere würden etwas symbolisieren, für gute oder schlechte Eigenschaften stehen. Vielmehr kommt es für ihn darauf an, dass man verschiedene Einstellungen zu den Tieren einnehmen kann, weshalb man sich fragen muss, ob der eigene Blick auf die Natur nicht von religiösen Vorurteilen, ästhetischen Erwartungen oder einer eurozentrischen Perspektive verzerrt ist. Allerdings sind Tiere in Hinblick auf die Frage, wie wir Menschen uns zu uns selbst verhalten und in der Welt finden sollten, auch nicht irrelevant. Herder teilt nicht das nüchterne Überlegenheitsgefühl Immanuel Kants, für den sich von Tieren sowieso nichts über Menschen lernen lässt und dem bei den Faultieren nur »das lächelnde Gesicht« und die »plumpe Taille« auffallen. Im Gegensatz dazu stellt Herder in einer Bemerkung über Tierfabeln fest, dass die menschliche Seele »gleichsam unter alle Thiercharaktere vertheilt« sei; im Tier finde der Mensch eine »vertheilte Vernunft«, und indem wir Geschichten über Tiere erzählen, würden wir versuchen, die Vernunft »hie und da zu einem Ganzen zu bilden«. Das, was wir von Tieren lernen können, ist also unverzichtbar, um das, was wir selbst sind – Tiere mit Vernunft – zur Vollendung zu bringen. Aus diesem Grund interessieren wir uns für Fabeln, Geschichten und Anekdoten über Tiere. Darin bringe der Mensch »sich seine vorige Lebensweise mehr oder minder zur *Anschauung*«, um, »wenn er will, daraus klug zu werden«: »Er soll als Mensch das weise und gut ordnen lernen, was er als Thier kann, mag und will.« Menschen sollten die Lebensweise anderer Tiere also nicht nur deshalb unvoreingenommen betrachten, um diesen gerecht zu werden. Es ist unsere eigene, menschliche Vernunft, die wir bilden, wenn wir von der Vernunft anderer Tiere lernen. Uns über die Tiere aufzuklären und die eigenen Vorurteile zu durchschauen, ist also ein und dasselbe.

Wenn Herder auch Tieren eine gewisse Vernünftigkeit zuspricht und glaubt, wir könnten von ihnen lernen, dann ist er darin fortschrittlicher als viele seiner Zeitgenossen. Vor allem die Vorstellung, wir bräuchten die Tiere für die Bildung unserer Humanität, ist radikal. Johann Wolfgang Goethe etwa ist davon weit entfernt. Die Faultiere kommen nur am Rande seines wissenschaftlichen Werks in einer Gefälligkeitsrezension vor, die Goethe 1822 für einen »alten Freund in der Ferne« schreibt, den Bonner Naturforscher Eduard d'Alton. D'Alton hatte kurz zuvor eine anatomische Studie über *Die Faultiere und die Dickhäutigen* (1822) verfasst und noch einmal gezeigt, dass die heutigen Faultierarten von den Megatherien abstammen. Goethe versteht das Verhältnis zwischen den rezenten Arten und dem Riesenfaultier als morphologische Ähnlichkeitsbeziehung, als

Wer könnte diesem Blick widerstehen? Aquarellskizze der Zoologin Isabel Cooper aus den 1930er Jahren.

»wechselseitige Verwandtschaft«. Mit dem schillerndsten Begriff der Zeit geht Goethe davon aus, dass der »Geist« der verschiedenen Arten die evolutionäre Entwicklung bestimmt. Eine rhetorische Frage kündigt schon an, dass es mit dem Geist der Faultiere nichts Gutes auf sich haben kann: »Wie wollte man aber nun den Geist benennen der sich im Geschlechte Bradypus offenbart? Wir möchten ihn einen Ungeist schelten, wenn man ein solches lebenslästerliches Wort brauchen dürfte. [...] Wenn je ein geistloses schwaches Leben sich manifestiert hat, so geschah es hier.«

Goethe ist mit D'Alton der Überzeugung, dass die Riesenfaultiere im Wasser gelebt haben müssen, was für Arten wie das Thalassocnus auch durchaus zutrifft. Aber daraus wird bei ihm eine kleine Bildungsgeschichte des Faultiergeistes: »Ein ungeheurer Geist, wie er im Ozean sich wohl als Wallfisch dartun konnte, stürzt sich in ein sumpfig-kiesiges Ufer einer heißen Zone; er verliert die Vorteile des Fisches [...] Ungeheuere Hülfsglieder bilden sich heran, einen ungeheueren Körper zu tragen.« Der Schritt an Land ist also ein Fortschritt, aber dann nimmt die Geschichte eine dramatische Wendung. Das Megatherium, das Goethe sich als einen Wal auf dem Trockenen vorstellt, besitzt eine Art gespaltene Persönlichkeit: »Das seltsame Wesen fühlt sich halb der Erde halb dem Wasser angehörig.« Es sei zu groß und plump, um sich an Land entwickeln zu können, und dieses Defizit gebe es an »seine Abkömmlinge«, die modernen Faultiere, weiter, die ebenfalls »nicht verhältnismäßig« gebildet seien. Ihre Gliedmaßen »schießen in die Länge, die Extremitäten als wenn sie, ungeduldig über den vorigen stumpfen Zwang, sich nun in Freiheit erholen wollten, dehnen sich grenzenlos aus und ihr Abschluß in den Nägeln scheint keine Grenze zu haben«. Die Geschichte gipfelt im Vorwurf »inneren Unvermögens«, wie Goethe die Tatsache nennt, dass Faultiere nicht aufrecht gehen oder stehen können. Dieser Mangel an Haltung hat dabei zumindest eine moralische Konnotation, die dem Faultiergeist das Scheitern seines Bildungsprozesses zum Vorwurf macht: Die anatomische Besonderheit, dass Dreifingerfaultiere zusätzliche Wirbel besitzen, deutet Goethe als »völligen Mangel von innerem Halt«. Der Faultiergeist schafft es nicht, sich selbst Rückgrat zu verleihen, was wenig überrascht, da »auch der Kopf sich klein und hirnlos erweist«.

Wenn Lavater den Faultieren die Dummheit schon ansieht und Goethe den Bildungsgang des Faultiergeistes in einer Katastrophe enden lässt, dann könnte man meinen, eine solche anthropomorphe Perspektive sei ein Produkt der Zeit. Aber das ist nicht der Fall, und nicht nur Herder problematisiert den moralisierenden Vergleich von Mensch und Tier. Jemand, der wirklich Faultiere gesehen und sogar eines seziert hat, müsste Goethe vehement widersprechen: Alexander von Humboldt hält 1827/28, zurückgekehrt von seiner Reise durch Südamerika, in Berlin eine Reihe von Vorlesungen, die als Kosmos-Vorträge bekannt werden sollten. Humboldt erwähnt »das Megatherion«, das »Dalton in Bonn sehr gut beschrieben« habe; er geht also von derselben wissenschaftlichen Quellenlage aus wie Goethe. Seine Beschreibung jedoch ist frei von jeder Vermenschlichung des Megatheriums und dessen Nachfahren. Im Gegenteil spricht aus den wenigen Sätzen eher so etwas wie Skepsis und Erstaunen, wenn Humboldt die Riesenfaultiere mit einem außerirdischen Objekt vergleicht: Nach den Ergebnissen D'Altons zu urteilen, sei das Megatherium »von so wunderbarer Zusammensetzung, dass es beinahe wie ein Aerolith aus einem andern Weltkörper herübergekommen zu sein scheint, ein Mittelding

Faultier mit Jungem, Bleistiftzeichnung von Alexander von Humboldt.

zwischen Faultier und Armadill«. Von Missbildung und fehlender Haltung keine Rede. Im Gegenteil gibt Humboldt sehr genau an, wo das Megatherium in der Geschichte der Arten zu verorten ist: Es muss ein gemeinsamer Vorfahr oder zumindest naher Verwandter der beiden wichtigsten Vertreter der heute lebenden Nebengelenktiere sein, der Faultiere und der Gürteltiere. Die Faszination geht für Humboldt also weder vom Faultier und seinem Verhalten aus noch von der imposanten Statur des Megatheriums. Ihn verblüfft die Tatsache, dass diese drei Arten entwicklungsgeschichtlich eng verwandt sind, obwohl sie sich in Aussehen, Größe, Lebensraum und Verhalten stark voneinander unterscheiden. Dass sie einen schlechten Charakter hätten und ihre Evolution ein missglückter Bildungsprozess sei – solche Gedanken liegen Humboldt völlig fern. Vielmehr scheint er im Privaten dem Charme der Faultiere verfallen zu sein, denn auf einer von ihm angefertigten Bleistiftzeichnung sieht das Faultierjunge nicht nur sehr zufrieden aus; sein Gesicht trägt zumindest ein wenig menschliche Züge.

Humboldts nüchterne, evolutionäre Perspektive auf die Faultiere hat sich keineswegs durchgesetzt. Zu groß scheint die Verführung gewesen zu sein, einen wertenden Blick auf ein Tier zu werfen, das sein Laster schon im Namen trägt. An kaum einem Moment der europäischen Geistesgeschichte kommen die Faultiere jedoch so schlecht weg wie bei Georg Wilhelm Friedrich Hegel, der ein Jahr nach Humboldts Kosmos-Vorträgen ebenfalls an der Berliner Universität *Vorlesungen zur Ästhetik* hält. Die Faultiere haben also nicht in der Naturphilosophie, sondern im Kontext der Ästhetik ihren Auftritt in Hegels Werk, nämlich bei der Frage, was wir an Natur schön finden. Die anthropomorphe Perspektive wird dabei vorausgesetzt: Wir finden Tiere schön, »wenn sie einen Seelenausdruck zeigen, der mit menschlichen Eigenschaften einen Zusammenklang hat, wie Mut, Stärke, List, Gutmütigkeit usf.« Wenig überraschend sind es keine guten menschlichen Eigenschaften, die Hegel im Faultier findet. Die Faultiere werden vielmehr zum Inbegriff des Hässlichen im Tierreich erklärt. Wie für Lavater und Goethe hat auch für Hegel die Hässlichkeit der Faultiere mit dem Zusammenspiel von Geist und Leben zu tun. Was die Faultiere so besonders hässlich mache, sei, dass sie mit ihrer Trägheit das Grundgesetz des Lebens verletzten. Durch seine »schläfrige Trägheit« widerspreche das Faultier der »Vorstellung der Lebendigkeit« selbst, denn »Tätigkeit, Beweglichkeit bekunden gerade die höhere Idealität des Lebens«. An Aktivität aber fehle es keinem Tier so sehr wie »dem Faultier, das sich nur mühsam schleppt und dessen ganzer Habitus die Unfähigkeit zu rascher Bewegung und Tätigkeit dartut«. Die Bewegungen des Faultiers sind, wie der Hegel-Schüler Karl Rosenkranz in seiner *Ästhetik des Häßlichen* schreiben wird, ein Beispiel für »das Plumpe«, für Hässlichkeit in der Bewegung.

Hegel äußert sich nicht darüber, welche »Stimmungen des Gemüts« das Faultier weckt, wenn es zu einem »Zusammenstimmen« zwischen Tier und Mensch kommt. Der Anblick eines so trägen Resonanztiers dürfte jedoch nicht gerade zu Aktivität animieren. Vielmehr geht es um dasselbe Laster, das schon die protestantischen Kolonisatoren verstört hat: Das Faultier führt vor Augen, dass man untätig existieren kann, ohne darüber eine angemessene Scham zu empfinden. Ganz selbstverständlich geht Hegel davon aus, dass Tiere ein »Seelenleben«

besitzen; es ist die Seele des Tieres, die »in der Gestalt Ausdruck gewinnt«. Der Grund für die Hässlichkeit des Faultiers ist deshalb letztlich ein falsches Selbstverhältnis. Das Faultier sei nicht nur ungestalt, seine Bewegungen plump; was es wirklich hässlich mache, sei, dass es an seiner Schwachheit nichts ändern wolle. Für Hegel ist es hässlich, *weil* es faul ist, so als hätte es sich dazu entschieden. Hinter der ästhetischen Kategorisierung steht daher letztlich eine bestimmte Moralvorstellung, der Gedanke nämlich, dass Faulheit nichts genuin Lebendiges und damit auch nichts Menschliches sein könne. Das sagt Hegel auch ausdrücklich: Es ist nicht etwa eine Notwendigkeit und ein Übel, dass wir aktiv sein und arbeiten müssen, sondern das »unendliche Recht« des Menschen, »sich selbst in seiner Tätigkeit und Arbeit befriedigt« zu finden. Wenn es so ist, wie Hegel in der *Philosophie der Geschichte* schreibt, dann muss unter den Tieren das faule Tier in maximalem Kontrast zum Menschen stehen. Wie das arbeitsunwillige Proletariat befindet sich das Faultier außerhalb des Zusammenhangs vernünftiger Tätigkeit, was in der Natur das Leben und in der Gesellschaft das Recht ist. An der Stelle, die Hegel den Faultieren in der Ordnung der Natur zuweist, steht in seiner Theorie der Gesellschaft der Pöbel.

Aber vielleicht bedarf, wenn es um den Wert von Arbeit geht, auch die Aufklärung noch einer Aufklärung, sind es doch unsere eigenen Vorstellungen von Tätigsein, die wir in den Faultieren erkennen, wenn wir uns mit ihnen vergleichen. Diese Verstrickung hat Friedrich Nietzsche aufgedeckt: In *Menschliches, Allzumenschliches*, Nietzsches Plädoyer für Individualität und Freigeist, findet sich ein Aphorismus, der dieses Vorurteil deutlich macht, ohne die Faultiere für ein anderes Wertesystem in Anspruch zu nehmen. Der Abschnitt ist *Zu Gunsten der Müssigen* geschrieben, wie der Titel lautet. Nietzsche geht es hier jedoch nicht um eine Umwertung aller Werte, die das Nichtstun über das Tätigsein stellen würde. Die protestantische Ethik einfach umzukehren, reicht nicht aus, um uns vor Augen zu führen, was an ihr problematisch ist. Vielmehr will er zeigen, dass Arbeit und Tätigkeit als Ideale des Handelns ebenso ambivalent sind wie Faulheit und Nichtstun. Dafür spielt er mit dem Sprichwort, das jene Arbeitsmoral auf den Punkt bringt, die das Faultier schlecht aussehen lassen muss: Müßiggang ist aller Laster Anfang. Untätigkeit als Anfang des Lasters zu sehen, füllt nur eine Lücke der Bedeutsamkeit, anstatt die Ambivalenz des Nichtstuns auszuhalten.

Darauf will Nietzsche hinaus, wenn er schreibt, es sei »ein edel Ding um Musse und Müssiggehen«. Für diese These ist der Kontrast mit der Arbeitsmoral ausschlaggebend, denn zu arbeiten bedeutet für Nietzsche, immer dasselbe zu tun, ohne zu wissen, warum: »Die Thätigen rollen, wie der Stein rollt, gemäss der Dummheit der Mechanik.« Damit sagt Nietzsche nicht, was wir tun sollten, anstatt zu arbeiten; um das Leerlaufen in Tätigkeit zu vermeiden, reicht es schon, innezuhalten und *nichts* zu tun. Im Vergleich zur monotonen Betriebsamkeit kann Nietzsche deshalb sagen: »der müssige Mensch ist immer noch ein besserer Mensch als der thätige«. Dem fügt er eine Ansprache an seine Leser:innen hinzu, die ironisch mit jedem naiven Mensch-Tier-Vergleich bricht: »Ihr meint doch nicht, dass ich mit Musse und Müssiggehen auf euch ziele, ihr Faulthiere? –«

Diese Anrede und der Gedankenstrich, mit dem der Aphorismus endet, sind stilistisch und philosophisch brillant. Denn wen diese Frage empört, weil er mit einem Faultier verglichen wurde, der bestätigt genau die Diagnose, die Nietzsche ihm vorlegt. Wer dagegen mit Unverständnis reagiert und analytisch kühl auf den Widerspruch hinweist, dass Nietzsche seinen Leser:innen einerseits leerlaufende Betriebsamkeit attestiert und sie andererseits als Faultiere bezeichnet, der übersieht, dass Nietzsche sie gar keiner Schuld überführen will. Vielmehr kommt es darauf an, ein Nachdenken über das eigene Handeln in Gang zu bringen, ohne sich an einem festen Maßstab zu orientieren – wie an jener Regel, dass irgendetwas zu tun immer noch besser sei, als nichts zu tun. Deshalb deutet Nietzsche auch das Sprichwort über den Müßiggang um: »Wenn Müssiggang wirklich der *Anfang* aller Laster ist, so befindet er sich wenigstens in der nächsten Nähe aller Tugenden« – ›Es liegt an dir, was du aus diesem Anfang machst!‹, möchte man hinzusetzen.

Dass das Faultier in der Anrede an seine Leser:innen vorkommt, ist daher entscheidend. Denn damit durchschaut Nietzsche ein jahrhundertealtes Vorurteil: Kein Tier ist einfach Symbol für Müßiggang und Laster, seien diese nun gute oder schlechte Eigenschaften des Menschen. Faultiersein ist ein Deutungsangebot, das man annehmen oder ablehnen kann. In Nietzsches Anrede steht das Faultier nicht mehr für eine falsche Haltung zum Leben, sondern für die Frage danach, wie *ich* leben will. Der Vergleich mit den Faultieren gibt nur die Maßgabe mit auf den Weg, dass, wie auch immer die Antwort auf diese Frage lautet, das Leben nicht allein aus Arbeit bestehen sollte. Ein wenig Faultier muss schon sein.

Illustration von Anita Albus für Die eifersüchtige Töpferin.

Exkremente und Kometen

Wofür Faultiere stehen hängt in der europäischen, westlichen Kultur fast immer damit zusammen, welcher Wert Arbeit zugesprochen wird. Aber lässt sich die eurozentrische Perspektive überwinden – und die Perspektive jener Kulturen einnehmen, die immer schon mit Faultieren gelebt haben?

Wie schwierig dieser Perspektivwechsel ist und welche Missverständnisse er mit sich bringen kann, verdeutlicht ein Objekt aus der Sammlung des Hearst-Museums der Universität Berkeley: ein Faultierschrumpfkopf. Grausam sieht es aus, wie die grüne Schnur durch die Unterlippe geführt wird, nur um irgendwo zwischen dem blonden Fell wieder hervorzukommen. Die Haut wurde ohne den Schädelknochen präpariert, sodass die Form des Kopfes nur ungefähr erhalten ist. Die Augenlider sind vermutlich von innen vernäht. Das Objekt wirkt einfach nur abstoßend – für den modernen, westlichen Blick.

Für ein Mitglied der Shuar, einer indigenen Bevölkerung im Amazonastiefland Ecuadors, wäre die Sache komplizierter. Denn auch wenn die Shuar heute in vielem akkulturiert sind, kommt es durchaus vor, dass Schrumpfköpfe von Tieren bei traditionellen männlichen Initiationsriten verwendet werden. Ursprünglich war es die abgezogene Kopfhaut erschlagener Feinde, die zu sogenannten *tsantsas* verarbeitet wurde. Dass die menschlichen Schrumpfköpfe durch Köpfe von Faultieren, Ziegen oder anderen Tieren ersetzt wurden, macht deutlich, dass es weniger auf den konkreten Gegenstand als auf dessen symbolische Bedeutung ankommt. Jedenfalls geht es bei den Faultierschrumpfköpfen nicht um die Faultiere, sondern allein um die Ähnlichkeit mit menschlichen Gesichtern. Dennoch beeinflussen diese Traditionen einer vormaligen Kriegergesellschaft, was die Tiere für die Shuar bedeuten. Wie die Ethnologin Pamela Israel, die 1985 das *tsantsa* für das Hearst-Museum erwarb, in einer Notiz anmerkt, gilt die Jagd auf Faultiere bei den Shuar als besonders gefährlich. Dass Faultierejagen gefährlich sein soll, geht jedoch eher auf ihre Rolle als Ersatz für menschliche Feinde zurück als auf die Gefährlichkeit der Tiere selbst. Die *tsantsas* sind für ein Mitglied der Shuar wie ein Kruzifix in christlich geprägten Kulturen: klar als etwas erkennbar, das symbolische Bedeutung besitzt, ohne dass man die religiösen Überzeugungen teilen muss, um zu begreifen, was das Symbol zum Ausdruck bringen soll. Auch die gruselige Faszination, die sich für den westlichen Blick mit Schrumpfköpfen verbindet, ist ambivalent. Denn es war die stetige Nachfrage nach menschlichen Schrumpfköpfen, die man für private und öffentliche Sammlungen in Nordamerika und Europa erwerben wollte, die dafür sorgte, dass gegen Ende des 19. Jahrhunderts alle Arten von Schrumpfköpfen zum Handelsgut wurden und umso mehr Faultiere für sie ihr Leben lassen mussten.

Das Beispiel des *tsantsa* macht deutlich, wie schwer es ist, eine fremde Kultur aus ihrer vermeintlichen Innenperspektive zu begreifen. Vielmehr ist es unvermeidlich, dass Innen- und Außenperspektive interagieren. Ein besonders merkwürdiger Fall dieser Wechselwirkung ist Claude Lévi-Strauss' Buch über die Faultiere. Das Lebenswerk von Lévi-Strauss bestand darin,

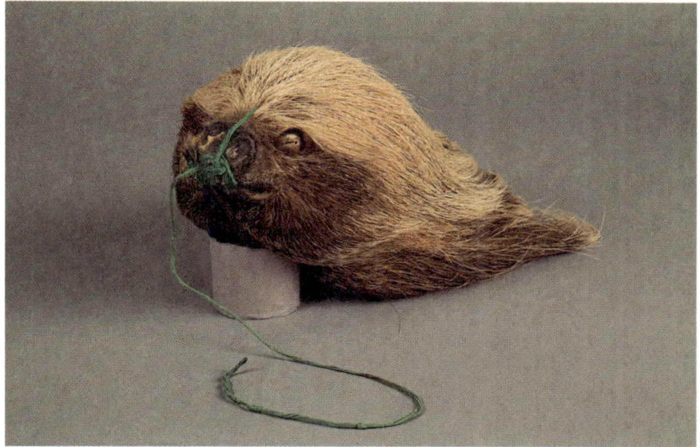

Faultierschrumpfkopf (tsantsa), *erworben 1985 für die Universität Berkeley. Solche Schrumpfköpfe werden auch deshalb angefertigt, weil sie begehrte Objekte für Sammler:innen in Europa und Nordamerika sind.*

die Mythen indigener Völker Südamerikas zu sammeln und zu deuten, um allgemeine anthropologische Muster ausfindig zu machen. Auch bei den Faultieren gelingt es ihm, eine aus westlicher Perspektive überraschende Seite ihrer Geschichte freizulegen, obwohl seinem Buch zugleich ein sehr europäisches Interpretationsschema zugrunde liegt, nämlich die Psychoanalyse Sigmund Freuds.

Ausgangspunkt seiner ethnologischen Methode ist der Gedanke, dass eine mythologische Figur nur dadurch Bedeutung gewinnt, dass ihr ein Platz in einem Feld von Abgrenzungen, Symmetrien und Oppositionen zugewiesen wird. Auch wenn es in seinem Buch *Die eifersüchtige Töpferin* (*La potière jalouse*) viel um Faultiere geht, verdankt es seinen Titel der Nachtschwalbe, jenem Tier, das in den von Lévi-Strauss untersuchten Mythen mit der Erfindung der Töpferei assoziiert wird. Die Schwalbe bildet einen Eckpunkt des »dreiseitigen semantischen Feldes«, von dem Lévi-Strauss glaubt, dass es die Tiermythen Nord- und Südamerikas strukturiert; die anderen Eckpunkte dieses Sinnfelds bilden die Brüllaffen und eben die Faultiere. Warum es gerade diese drei Tierarten sind, erklärt Lévi-Strauss anhand eines psychoanalytischen Deutungsschemas: Die Schwalbe, die ihren Schnabel weit aufreißt, konnotiert orale Gier, was sie in »diametralen Gegensatz« zum Faultier stellt, »das die südamerikanischen Mythen mit der Aufgabe der Konnotation der analen Verhaltung betrauen«.

Um das zu erläutern, zitiert Lévi-Strauss aus einem Bericht des Verhaltensforschers Hans Krieg, der 1939 in der *Zeitschrift für Tierpsychologie* seine *Begegnungen mit Ameisenbären und Faultieren* schildert und sehr sachlich erzählt, wie Faultiere ihr Geschäft verrichten:

> *Am Fuße eines Baumes fiel mir ein großer Haufen von Faultierkot auf, und durch einen glücklichen Zufall konnte ich sehen, wie er zustande gekommen war: Es war etwa vier Uhr nachmittags, das Wetter nach kurzem Regen wieder sonnig. Da sah ich eines der Faultiere behutsam herabsteigen, ganz zielbewußt auf den Kothaufen zu. Noch ehe es unten war, erschien weiter oben ein zweites, dann auf einem Nachbarbaum ein drittes und viertes. Alle nahmen die gleiche Richtung. Inzwischen war das erste angelangt und hockte sich, ohne meinen Begleiter und mich, die wir keine 2 m davon entfernt standen, zu beachten, aufrecht über die Kotmassen, wobei es sich mit den Händen*

an den Luftwurzeln festhielt. Es verfiel nach kurzer Zeit scheinbar in einen Zustand des Halbschlafes, schloß zeitweise die Augen ganz und rührte sich nicht. Nach mehr als einer Viertelstunde bewegte es sich wieder und begann den Baum wieder hinaufzuklettern. Es hinterließ eine erhebliche Menge frischer Losung. Schon nach wenigen Minuten hatte ein zweites Faultier den Platz eingenommen, das dritte löste sich in ganz der selben Weise ungefähr einen Meter daneben – und schon war das nächste im Anmarsch.

Was hier geschieht, lässt sich leicht mit der banalen Tatsache erklären, dass Faultiere, wie viele andere Tiere auch, dem Geruch der Ausscheidungen Informationen über ihre Artgenossen entnehmen. Dass die Tiere feste Kotplätze aufsuchen oder sogar ihren Toilettengang zur gleichen Zeit verrichten, hat in den großen natürlichen Revieren einen unschätzbaren Vorteil: Es lässt sich immer am gleichen Ort ablesen, ob ein Weibchen paarungsbereit sein könnte. Wenn es so weit ist, wird das Faultierweibchen das zwar auch mit seinen Rufen kundtun, dennoch erleichtert der Kot die Kommunikation im Regenwald erheblich. Wegen ihres langsamen Stoffwechsels und ihrer ebenso langsamen Verdauung müssen die Tiere sich nur etwa alle zehn Tage entleeren, was auch die einzige Gelegenheit ist, bei der sie aus der Kronenschicht des Regenwaldes heruntersteigen. Es bietet einen evolutionären Vorteil, gemeinsam auf Toilette zu gehen.

Aber nicht nur der Stuhlgang ist für die psychoanalytische Deutung der Faultiere relevant. Überraschenderweise zitiert Lévi-Strauss die neuzeitlichen Reiseberichte von Oviedo, Léry und Thevet, um weiter zu belegen, wie wenig oder selten Faultiere fressen – was keineswegs stimmt, denn sie verbringen die meiste Zeit, in der sie wach sind, mit nichts anderem. Aber dass sie nicht nur genau kontrollieren, was sie von sich geben, sondern auch, was sie zu sich nehmen, passt hervorragend in das psychoanalytische Schema: Faultiere sind anal kontinent (sie entleeren sich selten) *und* oral verhalten (sie stopfen sich wenig in ihren Mund). Das Faultier steht deshalb nicht nur im Gegensatz zur gierigen Schwalbe, sondern auch zum Brüllaffen, dem Lévi-Strauss anale und orale Inkontinenz zusprechen kann, weil er beim Fressen Dreck macht, seine Nahrung verschwendet und »von *oben* und zu *jeder Zeit* defäziert«.

Das alles sind erst einmal natürliche Unterschiede im Verhalten verschiedener Tierarten. Für eine ethnologische Untersuchung werden sie interessant, weil die Kontrolle der Nahrungsaufnahme und der Ausscheidung etwas ist, das Menschen zuallererst lernen müssen. Sie gehört zu den gern übersehenen, aber dennoch elementaren Kulturleistungen, sodass von Interesse ist, in welchen Mustern sie gedeutet werden. Zudem legt es den Gedanken nahe, dass Tiere, die steuern können, wann sie fressen und defäzieren, auch so etwas wie Kultur besitzen. Diese Reflexionsleistung erfolgt in den indigenen Erzählungen. Die »südamerikanischen Indianer« legen, wie Lévi-Strauss schreibt, dem kontrollierten Verhalten »einen sozialen und moralischen Wert bei«. Ihnen erscheinen die Faultiere nicht träge und faul, sie bewundern vielmehr ihre Disziplin: »Das Faultier, ein sehr bescheidener Esser, der sich in langen Zeitabständen und an immer derselben Stelle entleert, tritt als von Natur aus gut erzogenes Tier in Erscheinung, das den Indianern als kulturelles Leitbild dienen kann.« Lévi-Strauss referiert eine Reihe von Mythen, in denen er die Funktion der Faultiere als kulturelle Vorbilder entdeckt. Das vielleicht beste Beispiel ist die folgende Erzählung der Takana, einer kleinen indigenen Gruppe, die noch heute an der Ostflanke der bolivianischen Anden lebt:

> *Zu der Zeit, als die Menschen das Feuer noch nicht kannten und sich von Wind ernährten, brachte ein Indianer seinen beiden kleinen Jungen ein Faultier mit. Zum Spaß hinderten es die Kinder daran, herabzusteigen und seine Notdurft zu verrichten. Das erzürnte Faultier drohte, sie zu töten. Da die Kinder mit ihren Quälereien nicht aufhörten, ließ es sich zu Boden fallen, wo es sich erleichterte. Die Erde begann zu schwelen, Flammen züngelten empor, die Feuersbrunst öffnete sich und begrub die Menschen. Als der Brand erlosch, tauchte eine neue Menschheit aus der unterirdischen Welt auf, indem sie an mit den Enden zusammengefügten Steigbalken emporkletterte.*

Der helle Fleck, den manche Faultierarten auf dem Rücken tragen, erklärt sich dem Mythos zufolge dadurch, dass auch sie die Feuersbrunst überlebt haben, die durch die ungezogenen Kinder heraufbeschworen wurde.

Die Rolle, welche die Faultiere in dieser Geschichte spielen, könnte kaum in größerem Gegensatz stehen zu jener, die den vermeintlich sündigen Tieren in der Vorstellungswelt der europäischen Kolonisatoren zukam. Lévi-Strauss stellt eine Vielzahl von Motiven heraus, die diese Erzählung zu einer Geschichte über den Anfang der Kultur machen: Das Verhältnis von Himmel und Erde wird erst gestört und dann wiederhergestellt, was eine neue Ordnung hervorbringt, in der Kultur und Natur stärker voneinander getrennt werden; eine primitive Kultur begeht eine Art Sündenfall und wird durch eine neue Gemeinschaft ersetzt; die Übermacht der Natur ist nicht länger anonym, sondern nimmt die Gestalt eines Tieres an. In der Erzählung werden diese Erkenntnisse von einer alten Frau vorgetragen, die den Weltenbrand überlebt hat. Sie fasst die Moral der Geschichte wie folgt zusammen: Man dürfe Faultiere auf keinen Fall daran hindern, sich zu entleeren. Das begreift Lévi-Strauss als Bestätigung seiner Deutung, nach der das Faultier und seine anale Verhaltung die harmonische Ordnung von Natur und Kultur symbolisieren. Wird diese gestört, können sich seine Exkremente in Kometen verwandeln, die den Weltenbrand auslösen. Die Faultiere sind deshalb »kosmologische Symbole«, die am Übergang von Natur zu Kultur stehen.

Schon bei der Auslegung der von Lévi-Strauss diskutierten Mythen erweisen sich das Interpretationsschema anal/oral und das Dreieck der Baumbewohner Schwalbe, Affe, Faultier jedoch als ambivalent. Zwar lässt sich damit eine gewisse Ordnung in die vorliegenden Geschichten bringen, aber nicht alle fügen sich dem Schema ein. Lévi-Strauss gelingt es trotzdem, eine andere Sichtweise freizulegen: Menschen, die seit Generationen mit Faultieren leben, verbinden ganz andere Assoziationen mit ihnen als die Entdecker, Eroberer und Forscher aus Europa. Wie Nietzsches Aphorismen hilft der ethnologische Essay, Zuschreibungen wie jene von Faulheit und Arbeitsscheu zu durchschauen und sich über die Perspektive klar zu werden, aus der sie erfolgen. Aber mit seiner Fixierung auf die psychoanalytischen Kategorien macht Lévi-Strauss die Faultiere zum Gegenstand einer Debatte, die wiederum sehr typisch ist für die

Sie kommen zwar auch im Wasser nur langsam voran, aber Faultiere sind ausdauernde Schwimmer.

europäische Kultur des letzten Jahrhunderts. In den Schlussbemerkungen erklärt Lévi-Strauss, dass sein Buch als eine Antwort auf Sigmund Freud zu verstehen ist. In *Totem und Tabu* wollte Freud, so der Untertitel, *Einige Übereinstimmungen im Seelenleben der Wilden und der Neurotiker* beschreiben. Lévi-Strauss hingegen will mit seinem Buch gezeigt haben, dass die Kategorien der Psychoanalyse schon im indigenen Wissen enthalten sind; deshalb gebe es auch »eine Übereinstimmung im Seelenleben der Wilden und der Psychoanalytiker«. Die Pointe seiner Mythendeutung sieht Lévi-Strauss darin, dass der Analytiker mit denselben Kategorien hantiert wie seine Patienten und die »Wilden«. Freud habe den »psycho-organischen« oder »sexuellen« Code in einer neuen, wissenschaftlichen Weise dechiffriert, aber bereits »die Mythen zu allen Zeiten« hätten sich dieser Codes zu bedienen gewusst. Lévi-Strauss folgert daraus, dass die psychoanalytischen Kategorien universale Gültigkeit besitzen – und genau damit gibt er einer eurozentrischen oder westlichen Beschreibung dieser Codes den Vorzug.

Trotz dieser Schwierigkeiten, die eigene Perspektive zu überwinden, kann man sich um Unvoreingenommenheit bemühen und diejenigen zu Wort kommen lassen, für die Faultiere noch immer eine besondere kulturelle Bedeutung haben. Das versuchen Anthropologen wie Robin Wright, der die religiösen Traditionen im nordwestlichen Amazonasgebiet untersucht und mehrere Jahrzehnte bei den Baniwa verbracht hat, einer indigenen Gruppe, die am Oberlauf des Orinoko im Süden Venezuelas lebt. Diese Traditionen sind selbst keineswegs frei von europäischen oder westlichen Einflüssen. Durch die Mission evangelikaler Christen gibt es auch unter den Baniwa christ-

»Kuwai, der große Geist der Krankheit« ist diese Zeichnung überschrieben. Nur das mythische Faultierwesen hat vier ›Finger‹ an den Vorderfüßen.

liche Gemeinschaften, und für diese Konvertiten verkörpern Faultiere Dämonen. Sie grenzen sich damit ab von indigenen Vorstellungen, nach denen das Faultier eine Inkarnation der zentralen Figur der traditionellen Baniwa-Religion ist, eine »Schattenseelenform« von Kuwai. Kuwai ist kein guter und erlösender Gott, sondern eine vieldeutige Figur, die für Krankheit und böse Magie ebenso stehen kann wie für Wachstum, Fruchtbarkeit und den Wechsel der Jahreszeiten. Wright berichtet, Kuwai werde von den Baniwa auch einfach nur als »das Tier« bezeichnet, weil er die tierischen Vorfahren der verschiedenen Clans verkörpere. Kuwai ist deshalb kein mythisch überhöhtes Faultier; er besitzt Faultieranteile, die mit anderen Anteilen in einem unauflöslichen Konflikt stehen. Diese Widersprüchlichkeit wird besonders deutlich in einer Zeichnung, die Tiago Aguilar, Bruder eines Baniwa-Schamanen, 2010 für Wright anfertigte: Kuwai hat das Gesicht eines Mannes mit weißer Hautfarbe, die Zähne eines Jaguars und trägt das Fell eines Faultiers, mit vier Klauen an den Händen oder Vorderfüßen. In älteren Darstellungen sind Kuwais Faultieranteile größer: Auf einer Petroglyphe, einer Zeichnung auf einem Felsen im Rio Aiarý, der einen Ort in der mythischen Landschaft der Baniwa markiert, hat ein Arm zwei, der andere drei Klauen, was Kuwai zu einer Mischung aus Zwei- und Dreifingerfaultier macht.

Lebende Faultiere spielen in religiösen Ritualen der Baniwa keine Rolle. Auch gejagt werden sie nicht, denn ihr Fleisch ist zäh und kaum genießbar. Das Faultierelement Kuwais macht sich vielmehr an ihrem Fell fest, das in der symbolischen Ordnung der Baniwa für Gift, Krankheit und feindliche Magie steht. Wright berichtet, Faultierfell werde deshalb manchmal als Teil einer Zeremonie verbrannt, in der Pfeffer rituell gereinigt wird, um so seine heilende Wirkung zu verstärken. Gift verwandelt sich im Magen in Faultierfell; mit dessen Hilfe kann der Schamane es durch ein Ritual auch wieder dem Körper entziehen. Außerdem existieren Berichte von Masken aus Faultierfell, die bei einem Initiationsritual Verwendung fanden, das heute nicht mehr existiert: Verkleidet mit der Faultiermaske kommt Kuwai in die Dörfer und schlägt die Baniwa mit einer Peitsche, um ihre Unempfindlichkeit gegen Schmerzen auf die Probe zu stellen, bevor er wieder im Dschungel verschwindet. Die Peitsche symbolisiert den Bruch mit der Kindheit, und zwar für beide Geschlechter: Eingewoben in das Faultierfell werden Haare, die Mädchen nach ihrer ersten Menstruation abgeschnitten wurden.

Die Verbindungen dieser Vorstellungen mit der von Lévi-Strauss beschriebenen Mythenwelt sind unverkennbar. Auch in der Erziehung tauchen dieselben Ideen wieder auf: Baniwa-Eltern und ältere Schamanen, die ihre jugendlichen Nachfolger ausbilden, präsentieren die Faultiere als Beispiele für Kontinenz, Genügsamkeit und Disziplin beim Fasten. Darüber hinaus liegt es tatsächlich nicht so fern, das Fell der Faultiere, in dem leicht Hunderte Insekten leben, mit Gift und Krankheit in Verbindung zu bringen. Solche Assoziationen kommen einem jedoch nur, wenn man Faultiere und in ihren natürlichen Lebensraum gut kennt. So abwegig die Erzählungen der Baniwa oder der Takana erscheinen mögen: Sie haben doch mehr Anhalt in der Realität als viele Vorurteile, die sich in europäischen Kulturen festgesetzt haben.

Psst! Die Faultiere im Hintergrund tun das, was Faultiere meistens tun: schlafen. Auf Bildern gezeigt wird das fast nie.

Das Leben der anderen

Wenn man eines aus der Natur- und Kulturgeschichte der Faultiere lernen kann, dann, dass es eigentlich nie einen unverstellten Blick auf sie gegeben hat. Das liegt auch daran, dass über Jahrhunderte alles, was man in Europa über Faultiere wusste, nur durch Berichte und Erzählungen zugänglich war. Es gab fast keine Gelegenheit, die Vorstellungen von diesem Tier mit der Realität abzugleichen. Je weniger man über sie wusste oder wissen wollte, umso besser eigneten sie sich als Projektionsfläche für Ideen, Werte, Sehnsüchte und Ängste. Faultiermythen prägen, wie die Tiere gesehen werden, verändern und verstellen den Blick – im Guten wie im Schlechten. Auch wenn Faultiere medial präsenter geworden sind, haben sich unsere Bilder nicht unbedingt der Wirklichkeit genähert. Selbst wer eine Dokumentation anschaut oder die Faultiere im Zoo besucht, muss seine Einbildungskraft bemühen, um sie sich in ihrem natürlichen Lebensraum vorzustellen. Wenn es schwer ist, ein Faultier zu sehen, dann auch deshalb, weil wir selbst den Blick versperren. In den Deutungen und Erzählungen, in die Faultiere eingepasst werden, wird jeweils mit verhandelt, wie ›wir‹ leben möchten oder leben sollten.

Das ist nicht grundsätzlich anders als bei anderen Tieren und eigentlich wie in jeder Wahrnehmung von Natur. Aber bei den Faultieren wird besonders deutlich, dass der Blick auf sie oft ein spezifisch europäischer, westlicher, christlicher, moralischer, kolonialer gewesen ist. Mehr als bei den in Europa heimischen Tieren lässt sich am Umgang mit den Faultieren beobachten, wie kulturelle Ordnungen versuchen, etwas Neues und Fremdes in bekannte Deutungsmuster einzuordnen. Diese Einordnungen erscheinen oft kurios, etwa wenn das Faultier zum Erfinder der Musik oder zum Beleg für das ewige Leben wird. Dass wir heute darüber lachen können, zeigt, dass wir uns von diesen Bildern befreit haben.

Heute machen wir uns das Fremde auf andere Art zu eigen. Die wirtschaftlichen, politischen und medialen Verflechtungen zwischen ›Alter Welt‹ und ›Neuer Welt‹ sind so ausgeprägt wie nie zuvor. Das sorgt allerdings nicht unbedingt dafür, dass man auch wahrzunehmen bereit ist, was auf der anderen Seite der Erde vor sich geht. Die Globalisierung muss aus der Perspektive der Faultiere vielmehr als bittere Ironie erscheinen: In den Industrieländern werden sie zu Maskottchen für einen alternativen Lebensstil, ohne dass sich dieser durchsetzen würde – was wiederum damit zusammenhängt, dass man Faulheit über Jahrhunderte zum Laster erklärt hat, zu einer größeren Sünde als Konsum und Luxus. Es ist der Überkonsum dieser Gesellschaften, für den die Schwellenländer Südamerikas ihre natürlichen Ressourcen ausbeuten. Ob Faultierfantasien herangezogen werden, um den Wert der Arbeit zu bestätigen oder zu hinterfragen, ist für die Faultiere selbst deshalb egal. Beide Fiktionen haben ihren Teil dazu beigetragen, die Zerstörung ihres Lebensraums zu legitimieren. Auch wenn die meisten Arten nicht akut vom Aussterben bedroht sind, ist ihr angestammter Lebensraum in den letzten Jahrzehnten extrem geschrumpft, und die Abholzung der tropischen Regenwälder nimmt zu. Die

Zeit drängt also: Sonst sind die realen Faultiere ausgestorben, bevor wir unsere Fantasien durchschaut haben.

Eine Wendung zum Guten nähme diese Geschichte, wenn wir lernten, wieder mehr zu staunen und genauer hinzugucken. Dann kann doch noch zur Faszination werden, was lange als Provokation erschien: Faultiere lassen sich nicht zu unserem Vorteil nutzen; sie sind zu nichts gut außer ihr eigenes Leben zu leben. Hat man einmal akzeptiert, dass das Faultier sich Vereinnahmungen entzieht, kann es vielleicht zum Symbol für den Wunsch werden, die eigenen Interessen zurückzustellen und den Blick dem Merkwürdigen, Anderen, Abseitigen zuzuwenden – und wenn es sich abwendet, dann sei's drum. Kaum jemand hat das so schön auf den Punkt gebracht wie Judith Holofernes in ihrem Faultiergedicht:

Ein Faultier
fault hier
vor sich hin
Ein langer Finger
kratzt das Kinn
Und dann kommt wieder länger nix –
doch seht!
Die Tiefe seines Blicks!
Ach nein
es hat die Augen zu
Na gut
dann lass ich es in Ruh

Portraits

1892 schreibt Henry Neville Hutchinson in seinem *Extinct Monsters*, dass wenige Tiere so »missgebildet« seien wie die heutigen Faultiere und dass so gut wie kein Tier so sehr von Naturforscher:innen verleumdet worden sei. Er zitiert Buffon und andere Zoolog:innen, die düster konstatiert hatten, das Faultier sei so faul, dass es, einmal auf einem Baum, erst wieder herunterkommen würde, wenn jedes kleine Blättchen in Reichweite gefressen sei. Andere gingen noch weiter und behaupteten, das Faultier würde sich auch dann nicht die Mühe machen, herunterzuklettern, sondern sich einfach auf den Boden fallen lassen. Nach Cuvier – der dem Megatherium ja eigentlich viel Gutes getan hatte – habe sich die Natur, indem sie so etwas Unvollkommenes und Groteskes hervorbrachte, einfach einen Spaß erlauben wollen.

Hutchinson beendet seine Ausführungen mit diesem poetischen Absatz:

> *Es sieht zwar faul aus, wenn es schläft, weil es an einen Haufen zotteligen Haars erinnert und an ein Knäuel von Gliedern, die sich an einen Ast klammern; aber wenn es aufwacht, ist es gar umtriebig, wenn es nach schönen Ästen und Blättern sucht und sich flink voranbewegt. Wenn es im Wald ruhig ist, bleibt das Faultier in seinem Baum und nascht von den Blättern und Zweigen, doch wenn es windig ist und die Äste der benachbarten Bäume näher*

kommen, ergreift es die Gunst der Stunde und bewegt sich im Schatten der Zweige durch den Wald. Die Urvölker haben dafür ein Sprichwort, nämlich, ›wenn der Wind weht, beginnt das Faultier zu kriechen‹ – und das stimmt in der Tat, denn sie können ja nicht springen, nur hängen, schwingen und kriechen.

Die beiden heute noch bestehenden Linien der Faultiere (*Folivora*) sind die Zweifingerfaultiere (*Choloepus*) und die Dreifingerfaultiere (*Bradypus*). Letztere sind die einzige Gattung innerhalb der Familie der Bradypodidae und umfassen vier Arten: die Weißkehl- und Braunkehlfaultiere, die Zwergfaultiere und die Kragenfaultiere. Die beiden letzteren Arten sind vom Aussterben bedroht.

Riesenfaultier
Megatherium americanum †

Ground sloth

Paresseux terrestre

Das Megatherium (aus dem griechischen μέγας – groß, θηρίον – Biest) war ein riesiges Säugetier, das mit den zeitgenössischen Faultieren und Ameisenbären sowie womöglich auch den Gürteltieren verwandt war. Der Schädel und die Zähne dieses Giganten ähnelten denen des heutigen Faultiers. Das Megatherium war etwa fünfeinhalb Meter lang, mit massiveren Knochen als die eines Elefanten. Die Hinterbeine und der Schwanz waren kräftig, und das Tier hatte sowohl an den Vorder- als auch an den Hinterbeinen lange Krallen. Ebenso wie die heute lebenden Faultiere und Gürteltiere hatte das Riesenfaultier im vorderen Teil seines Kiefers keine Zähne. Die Backenzähne – jeweils fünf auf beiden Seiten des Oberkiefers und jeweils vier im Unterkiefer – waren ausgehöhlte prismatische Zylinder, siebzehn bis dreiundzwanzig Zentimeter lang und in tiefen Sockeln eingelassen. Die Zähne waren so beschaffen, dass sie sich für das Mahlen von pflanzlichem Futter eigneten und ihr ganzes Leben lang nachwuchsen. Das Riesenfaultier hatte eine recht stumpfe Schnauze und gespitzte Lippen sowie eine lange, kräftige Zunge, mit der es kleine Zweige von Bäumen pflücken konnte.

Das Aussterben des Megatheriums ist höchstwahrscheinlich auf die langen Dürreperioden in der südamerikanischen Pampa zurückzuführen. Die meisten der Skelette wurden in einer aufrechten Position gefunden, was darauf hindeutet, dass die Tiere in zähflüssigem Schlamm stecken geblieben waren, der die Knochen konserviert hat, auch nachdem das Fleisch verrottet war.

1 m

Mylodon
Mylodon darwinii †

Mylodontid ground sloth
Mylodon

Das Mylodon lebte in derselben Region in Südamerika wie das Megatherium. Es war kleiner, aber mit seinen 3,3 Metern Länge dennoch größer als jedes rezente Faultier. Im Allgemeinen hatte es den gleichen Körperbau wie das Megatherium, Kopf und Kiefer ähnelten jedoch den heute lebenden Faultierarten. Die Kronen seiner Backenzähne waren flach und nicht geriffelt, woher auch sein Name kommt, der sinngemäß »Mahlzahniger« bedeutet. Charles Darwin hat es 1832 im Rahmen seiner Reisen mit der HMS *Beagle* in Argentinien gefunden und untersucht, und Richard Owen gab ihm 1840 seinen Namen.
Die Cueva del Milodón im südlichen Chile, Teil der touristischen *Ruta del Fin del Mundo* (»Route zum Ende der Welt«), ist eine weitere wichtige Fundstelle von Überresten des Mylodons. Ein fast perfektes und echtes Skelett des *Mylodon darwinii* war neben seinem riesigen Verwandten, dem Megatherium, lange Zeit im Natural History Museum in London zu sehen. Derzeit laufen Verhandlungen zwischen Chile und London, um das Skelett zurück in seine Heimat zu bringen.

1 m

Wasserfaultier
Thalassocnus †

Marine sloth
Thalassocnus

Um am Meeresboden nach Futter suchen zu können, braucht ein Tier vor allem eine dichte Knochenstruktur, wie z. B. Seekühe sie haben. Erst 2014 hat eine Forschergruppe der Universität Sorbonne herausgefunden, dass es eine Faultierart gab, die im Laufe von vier Millionen Jahren genau so eine Struktur entwickelt hat: das Wasserfaultier. Mithilfe von Skelettfunden aus verschiedenen Abschnitten der geologischen Pisco-Formation in Peru ließ sich der Entwicklungsprozess, im Rahmen dessen sonst übliche Hohlräume in den Knochen durch Knochengewebe ausgefüllt wurden, nachvollziehen. Das vor vier bis acht Jahrtausenden an der südamerikanischen Westküste lebende Säugetier war etwa so groß wie ein Schwein. Als die Dürre der Pampa es dem Tier zunehmend unmöglich machte, Futter zu finden, begann es, bei niedrigem Wasserstand Pflanzen aus dem Meer zu fressen. Eine CT-Untersuchung zeigte, dass sich die Knochen der aufeinanderfolgenden Faultierarten im Laufe von drei Millionen Jahren um zwanzig Prozent verdichtet haben, was man vor allem an den Schädeln sieht. Eine weitere Anpassung an das neue Habitat war der Schwanz, der beinahe die Hälfte der Gesamtkörperlänge ausmachte – Proportionen, die man vom Schnabeltier oder Biber kennt.

Das Schließen des Isthmus von Panama vor vier Millionen Jahren führte dazu, dass das warme Wasser aus der Karibik nicht mehr an die Küste Perus gelangte – eine neue Gegebenheit mit Folgen, an die sich das Wasserfaultier offenbar nicht anpassen konnte.

1 m

Kragenfaultier
Bradypus torquatus

Maned three-toed sloth

Le paresseux à crinière

Das Kragenfaultier ist die größte Art der Dreifingerfaultiere. Es wird durchschnittlich etwa sechsundsechzig Zentimeter groß und 6,6 Kilogramm schwer. Die Augen sind recht klein und der Bereich um die Schnauze ist ein wenig heller als der Rest des Fells, aber auch bräunlich. Der kleine Kopf ist rund und die Ohren sind im Fell versteckt. Über der dichten Unterwolle hat das Tier grobes und langes Fell, das hellbraun bis braun-grau ist und je nach Lichteinfall grünlich schimmert. Das ist auf die Symbiose mit einer Algenart, die im Fell der Tiere lebt, zurückzuführen und dient der Tarnung vor Fressfeinden. Der Scheitel des Fells liegt, wie bei allen Faultieren, auf dem Bauch, denn so fließt das Regenwasser besser ab, wenn es kopfüber am Baum hängt. Mit seinen hakenförmigen Krallen kann es sich an den Ästen festhalten und Blätter in Häppchen schneiden. Da Letztere ihre ausschließliche Nahrungsquelle darstellen, haben sie einen niedrigen Energiehaushalt, was einen schwachen Kreislauf und einen kleinen Aktionsradius bedingt. Wenn es vor Fressfeinden fliehen muss, kann das Kragenfaultier allerdings auch aufs Wasser ausweichen – es gilt als ausgezeichneter Brustschwimmer.

Das Kragenfaultier ist endemisch und lebt heute nur noch in einem schmalen Küstenstreifen im östlichen Brasilien, dem Mata Atlântica auf dem Gebiet der Staaten Rio Grande do Norte, Bahía, Espírito Santo und Rio de Janeiro. Wenn der Mensch dieses Ökosystem zerstört, wird es keine Kragenfaultiere mehr geben.

1 m

Weißkehl-Faultier

Bradypus tridactylus

Pale-throated three-toed sloth

Le paresseux à gorge claire

Das Weißkehl-Faultier – so benannt wegen des hellen Flecks im Kehlbereich der Männchen – wird zwischen fünfzig und sechzig Zentimeter groß und erreicht ein Gewicht von 2,3 bis 5,6 Kilogramm. Sein Kopf ist klein und rundlich, die Ohren werden durch das Fell verdeckt. Der Schwanz ist nur mehr rudimentär ausgebildet. Über der dichten Unterwolle befinden sich längere und deutlich gröbere, hellbraun bis braun gefärbte Haare. Den Hintergrund der alternativen Bezeichnung »Ai« erfährt man in Adolf Heilborns *Wilde Tiere, die unsere Jugend kennen sollte* (1921), wo es heißt: »Den seltsamen Namen Ai gaben die Indianer dem Tiere nach seinem Ruf, der nächtlicherweile wie ein wimmerndes Seufzen, wie ein Hilfeschrei tönt.« (Mehr dazu hier im Kapitel »Der Gesang der Faultiere«.)

Das nicht gefährdete Weißkehl-Faultier kommt im nordöstlichen Südamerika vor. Sein Hauptverbreitungsgebiet umfasst dabei das nördliche Brasilien, das östliche Kolumbien, weite Teile Venezuelas, Französisch-Guyanas, Guayanas und Surinames. Es bewohnt den tropischen Regenwald vom Tiefland bis in Höhen von über dreitausend Metern.

1 m

Braunkehl-Faultier

Bradypus variegatus

Brown-throated sloth

Le paresseux à gorge brune

2016 wurde ein fiktionalisierter Vertreter der Art des Braunkehl-Faultiers einem breiten Kinopublikum im Film *Zoomania* bekannt als Flash, der gelassene Angestellte einer US-amerikanischen Führerscheinstelle. Mit dem tatsächlichen Habitat hat die Behörde aber nichts zu tun: Das Hauptverbreitungsgebiet des Braunkehl-Faultiers umfasst das nördliche Argentinien, Bolivien, Brasilien, Kolumbien, Costa Rica, Ecuador, Honduras, Nicaragua, Panama, Paraguay, Peru sowie Venezuela.

Seiner Vorliebe für ausgesprochen feuchte Lebensräume entsprechend verfügt das Braunkehl-Faultier über wasserdichtes Fell. Sein dichtes, graues und struppiges Haarkleid ist charakteristisch, allerdings kann die Farbgebung zwischen den einzelnen Populationen variieren von grau-braun bis beige, mit dunkelbraunem Fell am Hals, den Seiten der Schnauze und der Stirn. Außerdem haben Männchen einen orangefarbenen Fleck auf dem Rücken, der mit ihrem Alter seine Farbe verändert. In dem langen Deckhaar siedeln sich symbiotisch lebende Algen an. Es muss kaum Wasser zu sich nehmen, da es die nötige Feuchtigkeit über den Verzehr von Pflanzen und Blättern aufnimmt.

Für viele ist diese Art wohl der Inbegriff des Faultiers – als dauernd lächelndes, etwas verschlafen schauendes Wesen. Eine seiner besonderen Fähigkeiten zeugt jedoch von ausgesprochener Aufgewecktheit und vielleicht sogar Neugier: Es kann, wie die Eule, seinen Kopf um bis zu 300 Grad drehen. Somit entsteht das Bild eines zurückhaltenden, stillen Beobachters.

1 m

Zwergfaultier
Bradypus pygmaeus

Pygmy three-toed sloth

Le paresseux nain

Das erst 2001 beschriebene Zwergfaultier ist die kleinste Faultierart: Es ist kleiner als eine normale Hauskatze. Es lebt ausschließlich auf der Insel Escudo de Veraguas an der karibischen Nordostküste Panamas. Vom Habitus her ähnelt es dem Braunkehl-Faultier, ist jedoch mit einer Körperlänge von etwa fünfzig Zentimetern deutlich kleiner und hat einen weniger robusten Schädel. Der kleine, rundliche Kopf, an dem ebenfalls keine Ohren erkennbar sind, ist charakteristisch, doch am markantesten ist seine Gesichtszeichnung: Quer über die Augen und die Schnauze verläuft ein schwarzes Augenband, als hätte es jemand geschminkt. Dieser Streifen ist auch der Grund, warum gerade das Zwergfaultier als Vorlage für Bastelschablonen und dergleichen herangezogen wird. So ist es ironischerweise ausgerechnet eine kurz vor der Ausrottung stehende Art, die vielen Menschen als Erstes in den Sinn kommt, wenn sie an Faultiere denken.

1 m

Eigentliches Zweifingerfaultier / Unau

Choloepus didactylus

Linnaeus's two-toed sloth

Le paresseux à deux doigts

Die Erstbeschreibung des Eigentlichen Zweifingerfaultiers erfolgte im Jahr 1758 durch Carl von Linné, der es zunächst in die Gattung der Dreizehen-Faultiere (*Bradypus*) einordnete. Diese Einordnung ist allerdings unpräzise, da auch die Zweifingerfaultiere (*Choloepus*) drei Zehen an den Hinterfüßen haben. Korrekt ist vielmehr, nach der Anzahl der ›Finger‹ an den Vorderfüßen zu unterscheiden.

Das Eigentliche Zweifingerfaultier wird bis zu fünfundachtzig Zentimeter groß und erreicht ein Gewicht von sechs bis neun Kilogramm. Es hält sich fast sein ganzes Leben lang in den Baumkronen des Regenwaldes auf – auch ihre Jungtiere, zu denen sie, wie Beobachtungen der Tiere in Gefangenschaft zeigen, eine enge Beziehung haben, gebären die weiblichen Zweifingerfaultiere in den Bäumen. Mit ihren stark gebogenen Krallen (zwei pro Pfote) klammern sich die Tiere an Ästen fest und behalten diese Stellung sogar während des teilweise zwanzig Stunden andauernden Schlafes bei. Da eine Muskulatur im Grunde nicht vorhanden ist, bleibt den Tieren auch nichts anderes übrig, als zu hängen – sie können gar nicht auf allen vieren laufen. *Choloepus* bedeutet »Lahmfuß«, und der Name ist Programm. Wie andere Faultiere auch, sind die Zweifingerfaultiere aber sehr gute Schwimmer, wenn sie denn gezwungen sind, zu schwimmen.

Ihr Verbreitungsgebiet reicht von Kolumbien und Peru bis in das nördliche Brasilien. Es gibt kaum Beobachtungen an wildlebenden Tieren, da diese dämmerungs- und nachtaktive Einzelgänger sind.

1 m

Hoffmann-Zweifingerfaultier
Choloepus hoffmani

Hoffman's two-toed sloth
Le paresseux d'Hoffmann

Der Artname des Hoffmann-Zweifingerfaultiers ehrt den Naturforscher Karl Hoffmann, der es in der Mitte des 19. Jahrhunderts in Costa Rica beobachtet hatte. Zuerst beschrieben wurde die Art jedoch 1858 durch Wilhelm Peters. Einem breiten Publikum bekannt wurde sie durch die Arbeit des Aviarios Sloth Sanctuary auf Costa Rica, das immer wieder in Dokumentationen zu sehen ist.

Das Hoffmann-Zweifingerfaultier ist etwas kleiner als das Dreifingerfaultier; es wird zwischen fünfundfünfzig und siebzig Zentimeter groß und vier bis acht Kilogramm schwer. Vom Eigentlichen Zweifingerfaultier unterscheidet es sich in der Zahl der Halswirbel, von denen es als einziges Säugetier neben den Rundschwanzseekühen nur sechs besitzt.

Ein Blick in den Alltag im Reservat in Costa Rica verrät, was der Lieblingsleckerbissen der Faultiere ist: In einer Dokumentation vernascht ein Hoffmann-Zweifingerfaultier voller Hingabe die Blüten einer Hibiskuspflanze. Für das Tier ist das, so erfährt man, wie für Menschen der Genuss von Schokolade.

Hoffmann-Zweifingerfaultiere haben ein zweigeteiltes Verbreitungsgebiet: Zum einen bewohnen sie Mittel- und den äußersten Nordwesten von Südamerika (von Honduras und Nicaragua bis in das westliche Kolumbien, das nordwestliche Ecuador und den westlichsten Teil Venezuelas). Zum anderen sind sie in Peru, Bolivien und im äußersten Westen Brasiliens zu finden. Sie bewohnen sowohl den Tiefregenwald als auch Bergwälder bis in Höhen von dreitausend Metern.

1 m

Literaturverzeichnis

SEHNSÜCHTE

William Hartston: ***Sloths! A Celebration of the World's Most Maligned Animal,*** London 2018.

David Hume: »On commerce«, in: *Essays: Moral, political, and literary,* hg. von Eugene F. Miller, Indianapolis 1987.

DER GESANG DER FAULTIERE

Gonzalo Fernández de Oviedo y Valdés: ***Ouiedo Dela natural hystoria de las Indias,*** Toledo 1526.

Gonzalo Fernández de Oviedo y Valdés: ***Historia general y natural de las Indias.*** Moderne Edition: Madrid 1851–1855.

Athanasius Kircher: ***Musurgia universalis sive Ars magna consoni et dissoni,*** Rom 1650.

TIERE, DIE VOM WIND LEBEN

José de Anchieta: ***Epistola quam plurimarum rerum naturalium quae S. Vicenti (nunc S. Pauli) provinciam incolunt.*** Moderne Edition: Rio de Janeiro 1933.

Fernão Cardim: ***Tratados da Terre e Gente do Brasil.*** Moderne Edition: Rio de Janeiro 1925.

André Thevet: ***Les singularitez de la France antarctique, autrement nommée Amerique***, Paris 1557.

André Thevet: ***La Cosomographie Universelle***, Paris 1575.

Guillaume Postel: ***Des merveilles du monde, et principalement des admirables choses des Indes, du nouveau monde***, Paris [1553?].

»ES IST EIN FAULES THIER / WOVON ES AUCH SEINEN NAMEN BEKOMMEN«

Jean de Léry: ***Histoire d'un voyage fait en la terre du Bresil,*** Genf 1580. Deutsche Übersetzung in: *Dritte Buch Americae, darinn Brasilia,* Frankfurt 1593.

Johann Ludwig Gottfried: ***New Welt Vnd Americanische Historien,*** Frankfurt am Main 1631.

Peter Nyland: ***Deß Schauplatzes irdischer Geschöpfe zweiter Teil,*** Osnabrück 1678.

Georg Markgraf / Wilhelm Piso, ***Historia naturalis Brasiliae,*** Amsterdam / London 1648.

MONSTRES PAR DÉFAUT

Carl von Linné: ***Systema Naturae,*** erste Auflage Leiden 1735, zehnte Auflage Stockholm 1758.

John Ray: ***Synopsis methodica Animalium,*** London 1693.

John Ray: ***Synopsis Animalium Quadrupedum,*** London 1693.

Georges Leclerc de Buffon: ***Oeuvres philosophiques.*** Moderne Edition: Paris 1954.

Georges Louis Le Clerc de Buffon: ***Histoire naturelle générale et particulière. Quadrupèdes,*** Bd. 6, Paris 1786–1791.

I SELECT THE MEGATHERIUM

Manuel Warnes: Brief vom 18. April 1787, Hunterian Museum at the Royal College of Surgeons of England, London, Signatur MS 0189/4/9.

Juan Pimentel: ***The Rhinoceros and the Megatherium. An Essay in Natural History,*** Cambridge 2017.

José Custodio Sáa y Faria: ***Copia del esqueleto de un Animal desconocido que se halló soterrado en la barranca del Río de Luxán,*** AGI, Mapas y planos de Buenos Aires, leg. 248. Kopie in: MNCN, *Expediente Megaterio*, caja no. 91; Calatayud, Catálogo critico, übersetzt von Peter Mason.

Eduard D'Alton: ***Das Riesen-Faulthier,*** Bonn 1821.

Joseph Garriga: ***Descripción del esqueleto de un cuadrúpedo muy corpulento y raro, que se conserva en el Real gabinete de Historia Natural de Madrid,*** Madrid 1796.

Charles Darwin: ***Voyage of the Beagle. ›Fossil Mammalia of the Voyage of the Beagle‹ &c.,*** vier Bände, London 1840.

The Correspondence of Charles Darwin 1821–1836, Bd. 1, Cambridge 1985.

[Anonym]: **»The Scentral Board«,** *Punch,* 21. August 1858, XXXV, S. 81.

Richard Owen: ***Description of the Skeleton of Extinct Gigantic Sloth, Mylodon robustus, OWEN, with observations on the Osteology, Natural Affinities, and Probable Habits of the Megatherioid Quadrupeds in General,*** London 1842.

William Buckland: ***Geology and Mineralogy,*** Bd. 1, London 1837.

William Buckland: »On the fossil remains of the megatherium«, *BAAS Report* (1831/1832), S. 104–105.

Richard Owen: ***Description of the Skeleton of an Extinct Gigantic Sloth,*** London 1842.

[Richard Owen]: **»Ancient Animals in South America«,** *Edinburgh Review* 155 (1882), S. 197.

Henry Neville Hutchinson: ***Extinct Monsters. A Popular Account of Some of the larger Forms of Ancient Animal Life,*** London 1892.

AUF STELZEN ÜBER FEDERBETTEN

John Keats: ***Endymion.*** Deutsch nach: John Keats, *Endymion. Eine poetische Romanze,* Berlin 2018.

Wilhelm Bölsche: ***Das Liebesleben in der Natur,*** Bd. 1, Florenz 1898.

Charles Waterton: ***Wanderings in South America,*** London 1825.

Basil de Selincourt: »Meeting the Megatherium«, in: *The English Secret and Other Essays,* London 1923, S. 160–173.

[Anonym]: **»Waterton's Wanderings in South America«** (Rezension), *London Magazine* 1826, S. 343–353.

[Charles Kingsley]: ***Alton Locke, Tailor and Poet. An Autobiography,*** London 1850.

Gordon Stables: ***In Quest of the Giant Sloth,*** London 1902.

MÜSSIGGANG IST ALLER LASTER ANFANG

Johann Caspar Lavater: ***Physiognomische Fragmente, zur Beförderung der Menschenkenntniß und Menschenliebe,*** Bd. 2, Leipzig 1776.

Johann Gottfried Herder: ***Ideen zur Philosophie der Geschichte der Menschheit,*** Werke in zehn Bänden, Bd. 6, Frankfurt am Main 1989.

Immanuel Kant: ***Physische Geographie,*** Kants Werke, Akademie-Ausgabe, Bd. IX, Berlin 1923.

Johann Gottfried Herder: ***Kleine Schriften,*** Sämtliche Werke, Bd. XV, Berlin 1888.

Eduard D'Alton: ***Die Faultiere und die Dickhhäutigen,*** Bonn 1821.

Johann Wolfgang von Goethe: ***Zur Morphologie,*** Sämtliche Werke, Bd. 12, München 1989.

Gustav Parthey: ***Alexander von Humboldt. Vorlesungen über physikalische Geographie,*** Handschrift Berlin 1828.

Georg Wilhelm Friedrich Hegel: ***Vorlesungen über die Ästhetik,*** Gesammelte Werke, Frankfurt am Main 1970, Bd. 13.

Karl Rosenkranz: ***Ästhetik des Häßlichen,*** Königsberg 1853.

Friedrich Nietzsche: ***Menschliches, Allzumenschliches, Kritische Studienausgabe,*** Bd. 2, Berlin / New York 1967.

EXKREMENTE UND KOMETEN

Claude Lévi-Strauss: ***Die eifersüchtige Töpferin,*** Nördlingen 1987.

Hans Krieg: »Begegnungen mit Ameisenbären und Faultieren«, *Zeitschrift für Tierpsychologie* 2 (1939), S. 282–292.

Robin M. Wright: ***Mysteries of the Jaguar Shamans of the Northwest Amazon,*** Lincoln / London 2013.

DAS LEBEN DER ANDEREN

Judith Holofernes: ***Du bellst vor dem falschen Baum. Tiergedichte mit Illustrationen,*** Stuttgart 2015.

PORTRAITS

Adolf Heilborn: ***Wilde Tiere, die unsere Jugend kennen sollte,*** Berlin 1921.

Henry Neville Hutchinson: ***Extinct Monsters. A Popular Account of Some of the Larger Forms of Ancient Animal Life,*** London 1892.

Wir danken Eli Amson, Sonja Feger, Jürgen Goldstein, Gabriele Hirsch, Anne Holzmüller, Richard Huddleson, Anna Keiling, Amelie Rauser, Ivana Rentsch, Hans-Christian Riechers, Judith Schalansky, Hélder Telo, Nicole Tendler und Robin Wright.

Abbildungsverzeichnis

Seite 59 *Megatherium. Die verbliebenen Knochen rot gefärbt.* Woodbine Parish: An account of the discovery of portions of three skeletons of the megatherium, Proceedings of the Geological Society, Bd. 1, 1834, S. 403–404. Manuskript vorhanden in den London Metropolitan Archives.

Seite 61 *Richard Owen.* Frederick Waddy, Cartoon Portraits and Biographical Sketches of Men of the Day, London 1873.

Seite 65 *Die Hauptausstellungshalle des Hunterian Museums.* London Interiors, Vol. 1, London 1841–42.

Seite 66 *Argentinische Briefmarke.*

Seite 71 *Riesenfaultier.* Heinrich Harder in: Wilhelm Bolsche: Tiere der Urwelt, Hamburg 1908. © Florilegius / Alamy Stock Photo.

Seite 75 *Das Zweizehenfaultier.* **und Seite 83** *Das Dreizehenfaultier.* Edward Sydenham in: Musei Leveriani explicatio, 1792.

Seite 79 *Buchcover.* Gordon Stables: Auf der Suche nach dem Riesenfaultier, London 1868.

Seite 86 Heinrich Rudolf Schinz: Abbildungen aus der Naturgeschichte, Zürich 1824.

Seite 91 *Kopf eines ausgewachsenen männlichen, dreizehigen Faultiers.* Isabel Cooper, in: Zoologica, New York 1926–31.

Seite 94 *Bradypus Tridactylus.* Alexander von Humboldt, Venezuela 1800 © Staatsbibliothek zu Berlin.

Seite 100 *Faultier mit Komet.* **und Seite 109** *Faultier am Wasser.* © Anita Albus in: Claude Lévi-Strauss: Die Eifersüchtige Töpferin, Berlin 1987.

Seite 103 *Schrumpfkopf.* © Pamela Israel / Hearst Museum, University of California, Berkeley.

Seite 111 *Kuwai.* © Tiago Aguilar, Uapui Cachoeira, Rio Aiary, Brasilien 2010 / Sammlung Robin M. Wright.

Seite 115 *Zweizehiges Faultier.* Louis A. Sargent, in: The wild beasts of the world, London 1909.

Seiten 121–137 Illustrationen von Falk Nordmann, Berlin 2021.

Heidi Łucja Liedke, 1987 geboren, ist wissenschaftliche Mitarbeiterin im Fach Anglistik an der Universität Koblenz-Landau.

Tobias Keiling, 1983 geboren, ist wissenschaftlicher Mitarbeiter am Institut für Philosophie der Universität Bonn.

NATURKUNDEN № 75
Erste Auflage Berlin 2021

NATURKUNDEN
herausgegeben von Judith Schalansky
erscheinen bei Matthes & Seitz Berlin
ermöglicht durch Jan Szlovak, Hamburg

EINBAND UND TYPOGRAFIE Pauline Altmann, Palingen
nach einem Entwurf von Judith Schalansky
TITELILLUSTRATION Pauline Altmann, Palingen
SCHRIFT Ingeborg von Michael Hochleitner / Typejockeys
LITHOGRAFIE Raimundas Austinskas, Kaunas
HERSTELLUNG Hermann Zanier, Berlin
PAPIER 100 g/m² Fly 04 hochweiß, 1,2-faches Volumen
EINBANDMATERIAL Napura® Khepera von
Winter & Company GmbH, Lörrach
DRUCK UND BINDUNG Pustet, Regensburg

ISBN 978-3-7518-0210-9

www.naturkunden.de
www.matthes-seitz-berlin.de